计算机网络安全理论与实践

戴香玉　著

中国建材工业出版社
北　京

图书在版编目（CIP）数据

计算机网络安全理论与实践/戴香玉著. --北京：中国建材工业出版社，2024.8. --ISBN 978-7-5160-4264-9

Ⅰ. TP393.08

中国国家版本馆 CIP 数据核字第 2024CC0916 号

计算机网络安全理论与实践
JISUANJI WANGLUO ANQUAN LILUN YU SHIJIAN
戴香玉　著

出版发行：中国建材工业出版社
地　　址：北京市西城区白纸坊东街 2 号院 6 号楼
邮　　编：100054
经　　销：全国各地新华书店
印　　刷：北京印刷集团有限责任公司
开　　本：710mm×1000mm　1/16
印　　张：10
字　　数：133 千字
版　　次：2024 年 8 月第 1 版
印　　次：2025 年 1 月第 1 次
定　　价：59.80 元

本社网址：www.jccbs.com，微信公众号：zgjskjcbs

本书如有印装质量问题，由我社事业发展中心负责调换，联系电话：(010)63567692

前　言

计算机网络能够提升人们的工作效率，为人们的生活带来便利。然而，任何事物都有两面性，计算机网络将众多信息暴露在网络上，如果不采取防范措施，这些信息可能会被不法分子利用，进而影响人们的工作与生活，甚至会对人们的生命安全和财产安全造成威胁。计算机本身有各种各样的种类与型号，不同种类与型号的质量不同，安全性也有所不同。

随着计算机的广泛应用，计算机网络安全问题正面临着前所未有的挑战，黑客入侵，网络病毒肆虐，网络系统损害或瘫痪，重要数据被窃取或毁坏，等等，给国家、企业以及个人带来了巨大的经济损失，也为网络的健康发展造成了巨大的障碍。网络环境的多变性、复杂性，以及信息系统的脆弱性，决定了网络安全威胁的客观存在。如何保证个人、企业及国家的机密信息不被黑客和间谍窃取，如何保证计算机网络不间断地工作，是国家和企业信息化建设必须考虑的重要问题。

笔者在撰写本书的过程中，参阅了大量文献和专著，在此对他们表示衷心的感谢。由于计算机网络技术发展非常迅速，涉及的知识面很广，书中难免存在疏漏和不足之处，欢迎广大读者提出宝贵的意见和建议。

目录

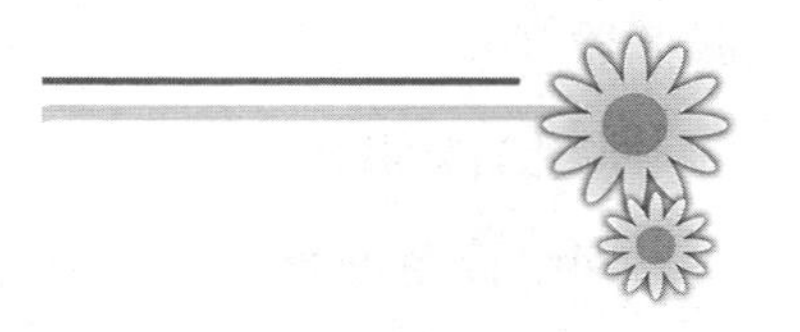

第一章　计算机网络概述

第一节　计算机网络的基本概念

一、计算机网络的定义

在互联网技术和计算机技术飞速发展的今天，计算机网络已经和我们的工作、生活和学习密不可分。

目前，学术界对于计算机网络的精确定义尚未统一。其最简单、最直接的定义可以表述为：计算机网络是一些互相连接的、自治的计算机的集合。这一定义透露出了计算机网络的三个基本特征：①多台计算机；②通过某种方式连接在一起；③能独立工作。

计算机网络的专业定义为：利用通信设备和通信介质，将地理位置不同，具有独立工作能力的多个计算机系统相互连接，并按照一定通信协议进行数据通信，以实现资源共享和信息交换为目的的系统。[①]

一个完整的计算机网络包括：计算机系统、网络设备、通信介质和通信协议四个部分。

(一)计算机系统

计算机系统由计算机硬件系统和软件系统构成，如计算机、工作站和

---

① 邓世昆．计算机网络［M］．北京：北京理工大学出版社，2018.

服务器等。

(二)网络设备

网络设备即具有转发数据等基本功能的设备,如中继器、集线器、交换机等。

(三)通信介质

通信介质即通信线路,如同轴电缆、双绞线、光纤等。

(四)通信协议

通信协议即计算机之间通信所必须遵守的规则,如以太网协议、令牌环协议等。

一般来说,用一条连线将两台计算机连接起来,这种网络没有中间网络设备的数据转发环节,也不存在数据交换等复杂问题,可以认为是最简单的计算机网络。因特网是由数以万计的计算机网络通过数以万计的网络设备相互连接而成,堪称国际互联网,它是世界上最大的计算机网络。

二、信息传播与交换方式

简而言之,计算机网络是指两台或两台以上计算机通过某种方式连在一起,以便交换信息。计算机网络与人们平时用到的广播电视网和电信网在信息传播与信息交换的方式上有什么不同呢?

广播电视网是单向的、广播式的网络,每一个接入用户只能作为接收者被动地接收相同的信息,网络上任意两个接入点之间无法进行信息沟通,接入用户无法对整个网络施加影响。这样的网络很简单,也很容易管理。

电信网比有线电视网要复杂。电信网是双向的、单播式的网络,每一个接入用户既可以接收信息,又可以对外发送信息。不过,每一个接入用户在同一时间只能和一个接入用户进行信息交流,接入用户对整个网络的影响极其有限。管理电信网比管理有线电视网要困难一些。

计算机网络是双向的、多种传输方式并存的网络,每一个接入用户可以自由地通过三种不同的方式(单播、组播和广播)同时与一个或者多个用户进行信息交换,每一个接入用户会在不同程度上对整个网络施加影响。所以,计算机网络是一种非常明显的、共享性的和协作性的网络。在这三种网络(广播电视网、电信网和计算机网络)中,计算机网络最复杂、功能最强、管理难度最大。因此,计算机网络最容易出现问题。

第二节 计算机网络的发展历程

一、计算机网络的产生

1962年,美国国防部在军事上提出了设计一种分散的指挥系统的构想。1969年,为了验证该构想,美国国防部高级研究计划署(Defense Advanced Research Projects Agency,DARPA)资助建立了一个名为ARPANET(阿帕网)的实验网络。最初的阿帕网主要由位于美国不同地理位置的四台主机构成,这四台主机分布在加州大学洛杉矶分校(UCLA)、斯坦福研究院(SRI)、加州大学圣巴巴拉分校(UCSB)和犹他大学(UTAH)。

20世纪80年代中期,为了满足各大学及政府机构为促进其研究工作的迫切要求,美国国家科学基金会(NSF)在全美国建立了六个超级计算机中心。1986年,NSF资助了一个直接连接这些中心的主干网络,并且允许研究人员对该网络进行访问,以便他们能够共享研究成果并查找信息。这个主干网络就是NSFNET。NSFNET最初采用的是56Kbps线路,到了1988年,该线路便升级为1.5Mbps。NSFNET在1986年建成后就正式运营,实现了与其他已有网络和新建网络的互连和通信,成为今天因特网的基础。

1990年,NSFNET全面取代阿帕网成为因特网的主干网。NSFNET的出现对因特网的最大贡献就是向全社会开放。NSFNET准许各大学和私人科研机构的网络接入,促使因特网迅速商业化,并有了飞跃发展。

二、计算机网络的发展

计算机网络的发展经历了从简单到复杂、从单一主机到多台主机、从终端与主机之间的通信到计算机与计算机之间的直接通信等阶段，其发展历程大致可以划分为以下四个阶段。

(一)第一阶段：计算机技术与通信技术相结合(萌芽阶段)

20世纪50年代初至20世纪60年代中期是计算机网络发展的萌芽阶段。此时，计算机网络是只具有通信功能的单机系统，一台计算机经通信线路与若干终端直接相连，该系统被称为面向终端的计算机网络，是早期计算机网络的主要形式。

网络特征：共享主机资源。

存在的问题：①主机既要承担通信任务又要负责处理数据，负荷较重；②通信线路利用率低；③网络可靠性差。

(二)第二阶段：计算机网络具有通信功能(形成阶段)

在20世纪60年代中期至20世纪70年代末期，计算机网络以多个主机通过通信线路相互连接起来为用户提供服务，主机之间不直接用线路相连，而是由IMP(接口报文处理机)转接后互连。IMP和它们之间互连的通信线路一起负责主机间的通信任务，构成了通信子网。通信子网互联的主机负责运行程序，提供资源共享，组成了资源子网。

在这一阶段，计算机网络的基本概念是以能够相互共享资源为目的互连起来的具有独立处理功能的计算机系统的集合。每台主机服务的子网之间的通信均通过各自主机之间的直接连线来实现数据的转发。

网络特征：以多台主机为中心，网络结构从“主机—终端”转向为“主机—主机”。

存在的问题：各企业的网络体系及网络产品相对独立，未有统一标准。

随着子网间通信数量的增加，由主机负责数据转发的通信网络显得力不从心。于是，新的网络设备被研制出来，即通信控制处理机（Communication Control Processor，CCP），该设备负责主机之间的通信控制，使主机从通信任务的工作中分离出来。

（三）第三阶段：计算机网络标准化（互联互通阶段）

20 世纪 70 年代末至 20 世纪 80 年代初，计算机网络发展到第三阶段，主要体现在如何构建一个标准化的网络体系结构，使不同公司或部门的网络系统之间可以互连互通，相互兼容，增加互操作性，以实现各公司或部门间计算机网络资源的最大共享。

1977 年，国际标准化组织（ISO）成立了专门的机构来从事“开放系统互连”问题的研究，着手制定开放系统互连的一系列国际标准。1983 年，ISO 推出了“开放系统互连参考模型”（Open System Interconnection/Recommended Model，OSI/RM）的国际标准框架。从此，各网络公司的网络产品有了统一标准的依据，各种不同的网络有了可以参考的网络体系结构框架。

20 世纪 80 年代，随着个人计算机（Personal Computer，PC）的广泛使用，局域网得到了迅速发展。美国的电气与电子工程师协会（Institute of Electrical and Electronics Engineers，IEEE）为了适应计算机以及局域网发展的需要，1980 年在旧金山成立了 IEEE 802 局域网标准委员会，并制定了一系列局域网标准。为此，新一代光纤局域网——光纤分布式数据接口（Fiber Distributed Data Interface，FDDI）网络标准及产品相继问世，为推动计算机局域网技术的进步及应用奠定了良好的基础。

网络特征：具有统一的网络体系结构并遵循国际标准的开放式标准化网络。

（四）第四阶段：计算机网络高速和智能化发展（高速网络技术阶段）

进入 20 世纪 90 年代，随着计算机网络技术的迅猛发展，特别是在 1993 年美国宣布建立国家信息基础设施（National Information Infrastructure,NII)后,许多国家纷纷制定和建立了本国的NII,从而极大地推动了计算机网络技术的发展,使网络发展进入了骨干网络建设、骨干网络互连与信息高速公路的发展阶段,使计算机网络的发展进入了一个崭新的阶段,即计算机网络高速和智能化发展阶段。

信息高速公路,就是一个高速率、大容量、多媒体的信息传输网络系统。建设信息高速公路,就是利用数字化大容量的光纤通信网络,使政府机构、信息媒体、大学、研究所、医院、企业甚至家庭等的所有网络设备全部联网。这样,人们的吃、穿、住、行以及工作、看病等生活需求,都可以通过网络来实施远程控制,并得到优质的服务。同时,网络还将为用户提供比电视和电话更加丰富的信息资源和娱乐节目,使信息资源实现极大的共享,用户可以拥有更加自由的选择。①

网络特征:网络速度不断得到提升,基于光纤的广域网主干带宽已经达到10Gbps。计算机的发展已经与网络融为一体,体现了"网络就是计算机"的口号。目前,计算机网络已经真正进入社会各行各业。此外,虚拟网络、FDDI及ATM(Asynchronous Transfer Mode,异步传输模式)等技术的应用,使网络技术蓬勃发展并迅速走向市场,走进百姓的生活。

三、计算机网络的发展方向

随着网络技术的发展,解决带宽不足和提高网络传输率成为计算机网络的首要发展方向。各国都非常重视网络基础设施的建设。以太网的传输距离已经从原来局域网的范围达到了城域网的范围,新的以太网标准又使以太网技术可以应用于广域网。由于以太网的发展,局域网与广域网之间的界限变得越来越模糊。

计算机网络发展的另一个方向是实现三网融合(又称为三网合一),即将当前存在的电信网、广播电视网和互联网合并成一个网络。

三网融合把电信网、广播电视网、互联网充分融合,以期达到资源整合、

① 郭达伟,张胜兵,张隽.计算机网络[M].西安:西北大学出版社,2019.

共用互享的目的。它不仅将现有的网络资源有效整合、互连互通，而且会形成新的服务和运营机制，并有利于信息产业结构的优化，以及政策法规的相应变革。三网融合以后，不仅信息传播、内容和通信服务的方式会发生很大的变化，而且企业应用、个人信息消费的具体形态也将会有质的改变。

第三节　计算机网络的组成与功能

一、计算机网络的组成

(一)计算机网络子网系统

计算机网络的基本功能可以分为数据处理与数据通信两大部分，其所对应的结构也分为两个部分：一是负责数据处理的计算机与终端设备；二是负责数据通信的通信控制处理机(CCP)与通信线路。所以，从计算机网络的通信角度来看，计算机网络按其逻辑功能可以分为资源子网和通信子网。

1. 资源子网

资源子网的基本功能是负责全网的数据处理业务，并向网络用户提供各种网络资源和网络服务。资源子网由拥有资源的主计算机、请求资源的用户终端、互联网的外设、各种软件资源及信息资源等组成。

(1)主计算机

主计算机简称为主机，它可以是大型机、中型机、小型机、工作站等。主机是资源子网的主要组成单元，它通过高速通信线路与通信子网的通信控制处理机相连接。主机主要为本地用户访问网络中的其他主机设备与资源提供服务，还要为网络中的远程用户共享本地资源提供服务。

(2)终端

终端是用户访问网络的界面。终端一般是指没有存储与处理信息能力的简单的输入、输出设备，也可以是带有微处理器的智能终端。智能终端除了具有输入、输出信息的功能外，还具有存储与处理信息的能力。各类终端既可以通过主机连入网络，又可以通过终端控制器、报文分组组装/拆卸装置或通信控制处理机连入网络。

(3)网络共享设备

网络共享设备一般是指计算机的外部设备，如高速网络打印机、高档扫描仪等。

2.通信子网

通信子网的基本功能是提供网络通信功能，完成全网主机之间的数据传输、交换、控制和变换等通信任务，负责全网的数据传输、转发及通信处理等工作。通信子网由通信控制处理机、通信线路、信号变换设备等其他通信设备组成。

(1)通信控制处理机

通信控制处理机在网络拓扑结构中称为网络节点，是一种在数据通信系统中专门负责网络中数据通信、传输和控制的专门计算机或具有同等功能的计算机部件。通信控制处理机一般是由配置了通信控制功能的小型计算机、微型计算机来承担。一方面，它作为与资源子网的主机、终端的连接接口，将主机和终端连入网络；另一方面，它作为通信子网中的分组存储转发节点，完成分组的接收、校验、存储、转发等功能，实现将源主机报文准确发送到目的主机的功能。

(2)通信线路

通信线路，即通信介质，指为通信控制处理机与主机之间提供数据通信的信道。计算机网络采用了多种通信线路，如电话线、双绞线、同轴电缆、光纤等由有线通信线路组成的通信信道，也可以使用由红外线、微波及卫星通信等无线通信线路组成的通信信道。

(3)信号变换设备

信号变换设备的功能是根据不同传输系统的要求对信号进行变换。例如，调制解调器、无线通信的发送和接收设备、网卡以及光电信号之间的变换和收发设备等。在网络中，可以将信号交换设备称为网络的节点。

通信介质将通信节点连在一起就构成了通信子网。当数据到达某个规定的节点后，通信节点对数据进行相应的处理，然后就可以将数据传输到计算机中进行处理。

(二)计算机网络的硬件和软件

1.计算机网络硬件部分

计算机网络的硬件部分包括计算机、通信控制设备和网络连接设备。

(1)计算机是信息处理设备，属于资源子网的范畴。例如，在因特网中，有些计算机是信息的提供者，称为服务器，服务器是因特网上具有网络上唯一标识(IP 地址)的主机；有些计算机是信息的使用者，称为客户机。

(2)通信控制设备(或称通信设备)是信息传递设备，构成网络的通信子网，是专门用来完成通信任务的。

(3)网络连接设备属于通信子网，负责网络的连接。网络连接设备包括路由器、交换机、网桥、集线器、网络连线等。网络连接设备是网络中的重要设备，局域网若没有网络连接设备就很难构成网络。在因特网中，正是由于路由器的强大功能，不同的网络才能得以无缝连接。①

2.计算机网络软件部分

计算机网络的软件部分主要包括网络操作系统、网络应用软件、网络通信协议等。网络操作系统负责计算机及网络的管理，网络应用软件完成网络的具体应用，它们都属于资源子网的范畴。网络通信协议完成网络的通信控制功能，属于通信子网的范畴。

二、计算机网络的功能

计算机网络主要的、基本的功能可以归纳为以下五点。

(一)资源共享

资源共享是构建计算机网络的基本功能之一。可以共享的资源包括

① 刘音，王志海.计算机应用基础[M].北京：北京邮电大学出版社，2020.

软件资源、硬件资源和数据资源，如计算机的处理能力、大容量磁盘、高速打印机、大型绘图仪，以及计算机特有的专业工具、特殊软件、数据库数据、文档等。由于这些资源并非所有用户都能独立拥有，因此，将这些资源放在网络上共享，或供网络用户有条件地使用，既提供了便捷的应用服务，又可以节约巨额的设备投资费用。此外，网络中各地区的资源互通、分工协作，极大地提高了系统资源的利用率。

(二)数据通信

数据通信包括网络用户之间、各处理器之间以及用户与处理器之间的数据通信。它以实现网络中任意两台计算机之间的数据传输为目的，如在网上接收与发送电子邮件、阅读与发布新闻消息、网上购物、电子贸易、远程教育等网络通信活动。数据通信提高了计算机系统的整体性能，也极大地方便了人们的工作和生活。

(三)高可靠性

在计算机系统中，某个部件发生故障或系统在运行中出现各种未知中断都是有可能发生的，在单台计算机中，一旦发生问题，应用系统只能被迫中断或关机。而在计算机网络中，如果一台计算机出现故障，可以立刻使用备份计算机替代。通过计算机网络提供的多机系统环境，可以实现两台或多台计算机互为备份，使计算机系统的冗余备份功能成为可能。这不仅能有效避免因单个部件形成某个系统的故障影响用户的使用，还能大幅提高应用系统的可靠性，从而最大限度地保障应用系统的正常运行。

此外，计算机网络还具有均衡负载的功能，当网络中的某台主机负载过重时，通过网络和一些应用程序的控制和管理，可以将任务交给网络中的其他计算机去处理，由多台计算机共同完成，起到均衡负荷的作用，以减少延迟、提高效率，充分发挥网络系统上各主机的作用。

(四)信息管理

计算机应用从数值计算到数据处理、从单机数据管理到网络信息管理,发展至今,计算机网络的信息管理应用已经非常广泛。例如,管理信息系统、决策支持系统、办公自动化等都是在计算机网络的支持下发展起来的。

(五)分布式处理

多个单位或部门位于不同地理位置的多台计算机通过网络连接起来,协同完成大型的数据计算或数据处理问题,称为分布式处理。

分布式处理解决了单机无法胜任的复杂问题,增强了计算机系统的处理能力和应用系统的可靠性能,不仅使计算机网络可以共享文件、数据和设备,还能共享计算能力和处理能力。例如,因特网上有众多提供域名解析的域名服务器,所有域名服务器通过网络连接就构成了大的域名系统,其中每台域名服务器负责各自域的域名解析任务。这种由网络上众多台域名服务器协同完成一项域名解析任务的工作方式就是典型的分布式处理。

第四节　计算机网络的拓扑结构与应用

一、计算机网络的拓扑结构

计算机网络的拓扑结构是指计算机网络节点和通信链路所组成的几何形状,也可以描述为网络设备及它们之间的互联布局或关系,拓扑结构与网络设备类型、设备能力、网络容量以及管理模式等有关。[①]

拓扑结构基本上可以分成两大类:一类是无规则的拓扑,这种拓扑结构的图形呈网状,一般广域网采用这种拓扑结构,称为网状网;另一类是有规则的拓扑,这种拓扑结构的图形一般是有规则的、对称的,局域网多采用这种拓扑结构。计算机网络的拓扑结构有很多种,下面介绍最常见的几种。

① 汪军,严楠.计算机网络[M].北京:北京理工大学出版社,2021.

(一)总线型拓扑结构

总线型拓扑结构采用单一的通信线路(总线)作为公共的传输通道。所有的节点都通过相应的接口直接连接到总线上,并通过总线进行数据传输。对于总线型拓扑结构的网络而言,其通信网络中只有传输媒体,没有交换机等网络设备,所有网络节点都通过介质直接与传输媒体相连。

总线型拓扑结构的网络有物理结构简单、价格低廉等优点,易于安装、拆卸和扩充,适于构造宽带局域网(如教学网)。总线型拓扑结构网络的主要缺点是对总线的故障非常敏感,总线一旦发生故障,将导致整个网络瘫痪。

总线型拓扑结构网络的特点如下:

(1)物理结构简单,易于扩展,易于安装,价格低廉。

(2)共享能力强,便于广播式传输。

(3)网络响应速率快,当负荷重时,性能迅速下降。

(4)网络效率和带宽的利用率低。

(5)采用分布控制方式,各节点通过总线直接通信。

(6)各工作节点平等,且都有权争用总线,不受某节点仲裁。

(二)环型拓扑结构

在环型拓扑结构的网络中,各个网络节点通过环节点连在一条首尾相接的闭合环状通信线路中,环节点通过点到点链路连接成一个封闭的环,每个环节点都有两条链路与其他环节点相连。环型拓扑结构分为单环结构和双环结构。令牌环网采用单环结构,而光纤分布式数据接口是双环结构的典型代表。

环型拓扑结构网络的主要特点如下:

(1)各工作站间无主从关系,结构简单。

(2)信息流在网络中沿环单向传递,延迟固定,实时性较好。

(3)两个节点之间仅有唯一的路径,简化了路径选择。

(4)可靠性差,任何线路或节点的故障,都有可能引起全网故障,且故障检测困难。

(5)可扩充性差。

(三)星型拓扑结构

在星型拓扑结构的网络中,每个节点都由一条点到点的链路与中心节点相连,任意两个节点之间的通信都必须通过中心节点。中心节点通过存储转发技术来实现两个节点之间的数据帧的传输,中心节点的设备可以是集线器中继器,也可以是交换机。

星型拓扑结构网络的主要特点如下:

(1)物理结构简单,易于扩展、升级,便于管理和维护。

(2)容易实现结构化布线。通信线路专用,电缆成本高。

(3)中心节点负担重,易成为信息传输的瓶颈。

(4)由中心节点控制与管理。中心节点的可靠性基本决定了整个网络的可靠性,中心节点一旦出现故障,将导致全网瘫痪。

(四)树型拓扑结构

树型拓扑结构是由总线型拓扑结构和星型拓扑结构演变而来的。树型拓扑结构的网络有两种类型:一种是由总线型拓扑结构网络派生而来,由多条总线连接而成,不构成闭合环路而是形成分支线路;另一种是星型拓扑结构网络的扩展,各节点按一定层次连接起来,信息交换主要在上、下节点之间进行。在树型拓扑结构中,顶端有一个根节点,它带有分支,每个分支还可以有子分支,其几何形状像一棵倒置的树(或横置的树),故得名树型拓扑结构。

树型拓扑结构网络的主要特点如下:

(1)具有天然的分级结构,各节点按一定层次连接。

(2)易于扩展,易进行故障隔离,可靠性高。

(3)对根节点的依赖性较大,一旦根节点出现故障,将导致全网瘫痪,电缆成本高。

(五)网状型拓扑结构

网状型拓扑结构又称完整结构。在网状型拓扑结构的网络中,网络节点与通信线路互相连成不规则的形状，节点之间没有固定的连接形式，一般每个节点至少与两个节点相连，即每个节点至少有两条链路连到其他节点，数据在传输时可以选择多条路由。

网状型拓扑结构网络的特点是节点间的通路比较多，当某一条线路出现故障时，数据分组可以寻找其他线路迂回，最终到达目的地，所以网络具有很高的可靠性。但是，该网络控制结构复杂，建网费用较高，管理复杂。因此，一般只在大型网络中采用网状型拓扑结构。有时，园区网的主干网也会采用节点较少的网状型拓扑结构。

在网状型拓扑结构网络中，两个节点之间在传输数据时与其他节点无关，所以该网络又称为点对点式网络。

二、计算机网络的应用

计算机网络在资源共享和信息交换方面所具有的功能是其他系统无法替代的，它的应用范围比较广泛。下面介绍一些带有普遍和典型意义的计算机网络应用领域。

(一)办公自动化

办公自动化是指利用先进的科学技术，尽可能充分地利用信息资源，提高生产、工作的效率和质量，以获取更高的经济效益。一般来说，一个较完整的办公自动化系统应当包括四个环节：信息采集、信息加工、信息传输、信息保存。

办公自动化一般可以分为基础层、中间层、最高层，其对应类型分别为事务型、管理型、决策型。事务型包括文字处理、个人日程管理、行文管理、邮件处理、人事管理、资源管理，以及其他有关机关行政事务处理等。管理型包含事务型，管理型系统是支持各种办公事务处理活动的办公系统与支持管理控制活动的管理信息系统相结合的办公系统。决策型以事务型和管理型办公系统的大量数据为基础，同时以自带的决策模型为支持，决策型办公系统是上述系统的再结合，是具有决策或辅助决策功能的最高级系统。

多媒体技术是办公自动化发展的一个趋势，它使计算机处理语音、图像的功能提升，更能够满足办公需求，扩大办公信息处理的应用范围。近年来，随着技术的不断进步和市场需求的进一步提升，电子商务已成为国内外企事业单位开展商务活动的热点。所谓电子商务，是指把企业最关键的商业系统，通过网络与员工、顾客、供应商以及销售商直接相连，将传统的商务活动通过计算机网络来实现。

(二)电子数据交换

电子数据交换是一种利用计算机网络进行商务处理的新方法。电子数据交换将贸易、运输、保险、银行和海关等行业的信息，用一种国际公认的标准格式，通过计算机通信网络使各有关部门、公司与企业之间进行数据交换与处理，并完成以贸易为中心的全部业务过程。

电子数据交换不是用户之间的简单数据交换，电子数据发送方需要按照国际通用的消息格式发送信息，接收方也需要按国际统一规定的语法规则对消息进行处理，并引起其他相关系统对电子数据交换的综合处理。电子数据交换的整个过程都由计算机自动完成，无需人工干预，从而减少差错，提高效率。

(三)远程交换

远程交换是一种在线服务系统，原指在工作人员与其办公室之间的计算机通信形式，即通常说的家庭办公。

另外，远程交换还应用于总公司与子公司办公室之间的通信，实现分布式办公系统。远程交换的作用不仅仅是工作场地的转移，它还大幅提升了企业的活力与快速反应能力。远程交换技术的发展对世界经济运作规则产生了巨大的影响。①

(四)远程教育

远程教育是一种利用在线服务系统开展学历或非学历教育的全新教

① 王艳柏，侯晓磊，龚建锋. 计算机网络安全技术[M]. 成都：电子科技大学出版社，2019.

学模式。远程教育几乎可以提供大学所有的课程,学员们通过远程教育,可以得到正规大学从学士到博士的所有学位。这种教育方式对于已从事工作而仍想获得高学位的人士特别有吸引力。

(五)电子银行

电子银行是一种由银行提供的在线服务系统,是一种基于计算机和计算机网络的新型金融服务系统。电子银行的功能包括金融交易卡服务、自动存取款作业、销售点自动转账服务、电子汇款与清算等,其核心为金融交易卡服务。

(六)证券及期货交易

证券和期货市场可以通过计算机网络提供行情分析和预测、资金管理和投资计划等服务,还可以通过无线网络将各机构相连,利用手持通信设备输入交易信息,通过无线网络迅速传递到计算机、报价服务系统和交易大厅的显示板。管理员、经纪人和交易者也可以迅速利用手持设备直接进行交易,避免了由于手势、传话器、人工录入等方式传输信息不准确和时间延误造成的损失。

(七)在线游戏

网络在线游戏正在逐渐成为互联网娱乐的重要组成部分。一般而言,计算机游戏可以分为四类:①完全不具备联网能力的单机游戏;②具备局域网联网功能的多人联网游戏;③基于因特网的多用户小型游戏;④基于因特网的大型多用户游戏(有大型的客户端软件和复杂的后台服务器系统)。

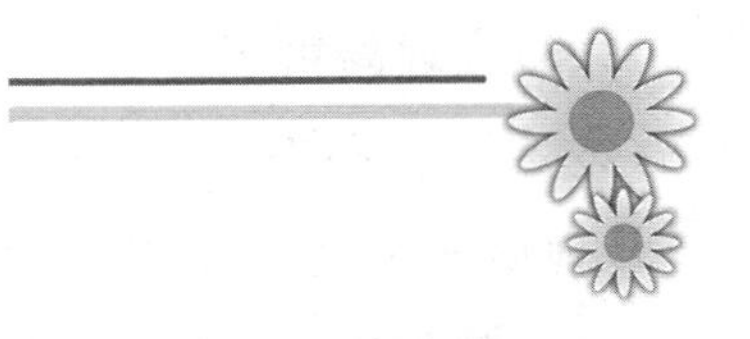

第二章　计算机的安全设计

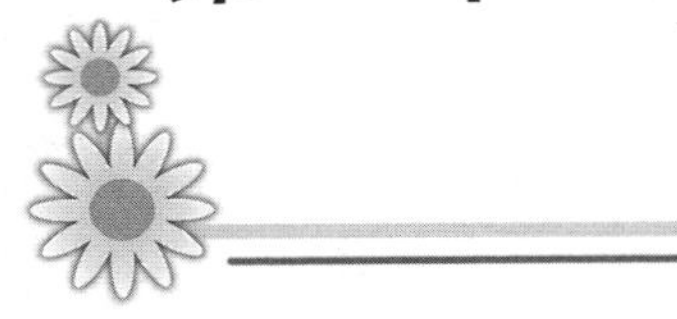

第一节　计算机的物理安全设计

一、机房环境

(一)机房场地安全

所谓机房场地安全,是指对系统所在场地的安全保护。机房场地要求应符合国家标准规定的相关条件,包括地域安全、地质安全、抗电磁干扰等。

1. 地域安全

机房地域安全性主要考虑以下因素。

(1)选择水源充足、电源稳定可靠、自然环境清洁、交通便利的地方。

(2)为防止周围的不利环境对机房造成破坏,应避开生产或贮存具有腐蚀性、易燃、易爆物品的工厂,仓库等场所,如油料库、液化气站、煤厂等。

(3)为防止周围环境恶化对机房造成损坏,应避开环境污染区,粉尘、油烟、有害气体来源区,如化工污染区、石灰厂、水泥厂等。

(4)远离强振源、噪声源及强电磁场干扰,如车间、工地、机场等。若不能避免,应采取消声、隔声或电磁屏蔽措施。

(5)应远离无线电干扰源,如广播电视发射塔等。

(6)应远离雷区。

2.地质安全

地质安全性主要考虑下列因素。

(1)避免建立在淤泥、杂填土、流沙层及断裂层等地址区域上。山区机房应避开泥石流、滑坡、溶洞等地质不牢靠区域。

(2)应远离地震频发区。

(3)避开低洼、潮湿区域。

3.位置安全

机房在建筑物的位置安排应考虑如下:

(1)应避免设在建筑物的高层或地下室,机房宜设置在多层建筑或高层建筑的第二层、第三层。避免设在建筑物用水设备的下层或隔壁,若已设置,则应实施防渗漏措施,如在屋顶或墙壁上涂抹防水涂料等。

(2)在外部容易接近的进出口处设置屏障、栅栏、围墙及监控、报警设施。

(二)机房环境安全

机房内的环境应着重考虑以下几方面。

1.温度

温度(包括元器件自身发热和环境温度)会影响计算机内部电子元器件的性能。若温度过高,集成电路和半导体器件性能不稳定,加速自身老化,易使存储信息的磁介质损坏而丢失信息;若温度过低,导致硬盘无法正常启动,设备表面易于凝聚水珠或结露而影响设备绝缘,使机器锈蚀。[①]

2.湿度

湿度是影响计算机网络系统正常运行的重要因素之一。若湿度过高,电路和元器件的绝缘能力降低,使部分设备金属易于生锈,并且因灰尘的导电性能增强而使电子器件失效的可能性增大;若湿度过低,将导致

---

① 季莹莹,刘铭,马敏燕.计算机网络安全技术[M].汕头:汕头大学出版社,2021.

系统设备中的部分器件皲裂，静电感应增加，使机房人员的服装、地板和设备机壳表面等处带有静电，易使机器内存储的信息异常或丢失，甚至出现短路或损坏芯片等情况。

3. 洁净度

机房的洁净度要求较高，若机房灰尘较多，将导致计算机接插件接触不良，发热元器件散热效率降低，绝缘性能下降，机械磨损增加，因此，机房必须配备防尘、除尘设备，控制和降低机房空气中的含尘浓度。一般地，机房的洁净度要求灰尘颗粒直径小于 0.5μm，空气含尘量小于 1 万粒/升。常见的防尘措施有以下几种。

(1)机房装修材料应选择不吸尘、不起尘的材料。

(2)在机房的入口应设置缓冲间，或安装风淋通道。

(3)机房应封闭门窗，新鲜空气可通过过滤器过滤后进入机房。

(4)机房工作人员宜着无尘工作服和工作鞋。

(5)制定合理卫生制度，如禁止在机房内吸烟、进食、乱扔垃圾等。

4. 照明

为了保证操作的准确性，减少视觉疲劳，机房应保证充足的照明度。一般地，机房照明要求照明度大、光线分布均匀、光源不闪烁、光线不直射光照面等。

具体而言，机房对照明的有如下要求。

(1)采用发光表面积大、亮度低、光扩散性能好的灯具。

(2)每平方米照明功率应达到 20W。

(3)使视觉作业不处在照明光源与眼睛形成的镜面反射角上。

(4)视觉作业处家具和工作房间内应采用无光泽表面。

(5)机房应配置应急照明系统，以便在正常照明熄灭时供机房继续工作或疏散人员。

(6)主要通道应设置事故照明和安全出口标志灯，其照度在距离地面 0.8m 处，照度不应低于 1lx(lx 为照度单位)。

(7)机房应设置事故照明，其照度在距离地面 0.8m 处，照度不应低于5lx。

(8)机房照明线路宜穿钢管暗敷,或在吊顶内穿钢管明敷。

(9)大面积照明场所的灯具宜分区、分段设置开关。

5.机房布局

机房的布局通常遵循缩短走线、便于操作、防止干扰、保证荷重和注意美观等基本原则,不仅能满足网络系统运行环境的技术要求,而且能形成一个良好的视觉环境,做到实用、整洁、美观。机房的布局主要考虑以下几点。

(1)机房面积根据机房功能的不同而大小各异,如操作机房应配置较大面积,主机房宜配置较小面积。

(2)为减小干扰和信号延迟,信号线与电力线应保持尽可能大的距离。

(3)机房内各设备应预留适当的间隙以便于人员操作。

(4)机房内设备应排列有序,为主要设备留出足够空间,形成纵深感。

(5)考虑机房空间余量以满足日后扩展需要。

(6)大中型机房应采用具备一定承重能力的高架地板,较重设备应安装在承重梁位置上。

(三)机房安全

机房的建设应符合国家标准GB50174－2017《数据中心设计规范》规定的相关条件,如机房装修、空调系统、接地系统、电源保护、静电防护以及防电磁辐射泄漏、防雷、防震、防水、防火等规定。

具体而言,机房的建设应重点考虑以下几个系统。

1.机房装修

机房装修包括天花吊顶、活动地板、墙面、隔断、门、保温层等部分。

(1)天花吊顶

机房棚顶装修宜采用吊顶方式。机房吊顶主要有以下作用。

①在吊顶至顶棚之间的空间可作为机房静压回风风库,可布置通风管道。

②便于安装固定照明灯具、各类风口、自动灭火探测器及线缆。

③防止屋顶灰尘下落。

④应选择金属铝天花，具有质轻、防火、防潮、吸音、不起尘、不吸尘等性能。

(2)活动地板

机房地面应铺设抗静电活动地板。铺设活动地板具有以下特点。

①活动地板可拆卸，便于设备电缆的连接、管道的连接及检修。

②活动地板以下空间可作为静压送风风库，通过气流风口活动地板将机房空调送出的冷风送入室内及发热设备的机柜内，由于气流风口地板与一般活动地板的可互换性，因此，可自由调节机房内气流的分布。

③活动地板下的地表面一般应进行保温、防潮处理。

(3)墙面

机房内墙装修的目的是保护墙体结构，保证室内使用条件，创造一个舒适、美观、整洁的环境。机房墙面装饰应注意:常用的贴墙材料有铝塑板、彩钢板等，其特点是表面平整、气密性好、易清洁、不起尘、不变形。墙体饰面基层应做防潮、屏蔽、保温隔热处理。

(4)隔断

机房按照计算机运行特点及设备的具体要求设置不同的功能分区，采用隔断墙将大的机房空间分隔成较小的功能区域。隔断墙既要轻又要薄，还要能隔音、隔热，要求具有通透效果，一般采用钢化玻璃隔断。

(5)门

机房门的设置应考虑以下几点。

①机房安全出口应不少于两个，宜设于机房的两端。

②门应向疏散方向开启并能自动关闭。

③机房外门通常采用防火防盗门，机房内门通常采用玻璃门，既保证机房安全，又保证机房通透、明亮。

(6)保温层

高档机房一般要求在天花顶部、地面、墙板内(铝塑板、彩钢板)贴保温棉。

2.接地系统

所谓接地，是指使整个计算机网络系统中各处的电位均以大地电位为基准，为各电子设备提供0V参考电位，从而保证网络系统设备安全和人员安全。一般而言，机房有以下四种接地系统。

(1)计算机系统直流地(逻辑地)

接地方法：将系统中各设备的直流地通过一根铜条连接起来，作为公共逻辑地线，并将其埋于建筑物附近的地下，用以构成低电平信号，为计算机系统的数字电路提供一个稳定的电位参考点。

接地电阻：≤2Ω

(2)交流工作地

接地方法：将系统中各设备交流电源的中性点用绝缘导线连到配电柜的中线上，通过接地母线将其接地。

接地电阻：≤4Ω

(3)安全保护地

接地方法：将系统中各设备的金属外壳接地，使机壳对地电位为0V，从而迅速排放外壳上积聚的电荷和故障电流，用以防止设备金属外壳的进线绝缘皮损坏而带电，危及人身安全。

接地电阻：≤4Ω

(4)防雷保护地

接地方法：将避雷针安置于建筑物的最高处，引下导线接到地网上，形成短且牢固的对地通路，从而引泄雷击电流，用以防止建筑物及其内部人员和设备遭受雷击。

接地电阻：≤10Ω

3.电源系统

稳定可靠的电源系统是网络系统正常运行的首要条件。电源系统要求不仅能保障外部供电线路的安全，更重要的是能保障机房内的主机、服务器、网络设备、通信设备等的电源供应，且在任何情况下均不间断，因此，必须为网络系统设计稳定、可靠的电源系统，通常可从系统设计和供电方式设计两方面加以考虑。

(1)电源系统设计

电源系统设计主要考虑以下三点。

①维持低电阻的地线系统。

②对电源馈电压降做一定的控制。

③电源馈电设计时应考虑防止电磁干扰窜入系统。

(2)电源供给方式设计

电源供给方式设计主要考虑以下三点。

①一般可采用一条电力线路配备足够容量的发电机组模式，若机房规模大、要求高，则可采用双路供电系统(其中一路为备份系统)配备一套后备电力供给系统。

②各类别电气设备的供电应独立设计、分别控制，以使某类设备故障时避免影响其他设备。一般而言，可将机房用电分为设备系统电源、照明系统电源、空调系统电源和后备电源等电源控制系统。

③各相负载不平衡会引起中性线上的电流发生变化，一旦中性线上保险丝熔断而使电压偏移 220V，将导致设备损坏，因此，供电系统中中性线避免安装保险丝。

4.静电防护系统

静电会导致机房计算机元器件被击穿或损坏，引起计算机失误操作或运算错误，且还影响机房操作人员的身心健康。

机房静电防护措施包括以下几点。

(1)机房建立接地系统，地面铺设防静电地板。

(2)采用防静电装置，如防静电工作台、静电消除剂和静电消除器等。

(3)保持机房内的温度和湿度适宜。

(4)主机箱设置导线与接地系统相连。

(5)机房人员着防静电衣帽。

(6)机房维护人员在拆装、检修机器前应释放身体携带的静电。

(7)机房内严禁使用挂毯、地毯等易产生静电的物品。

5.火灾防护系统

火灾毁灭性极强,使机房设备、软件和数据彻底损毁且无法恢复,因此,应高度重视对火灾的防范。引起机房火灾的原因主要包括设备起火、电线起火或人为事故起火等。

(1)火灾检测

火灾检测系统通常包括以下两种。

①手工火灾检测系统。手工火灾检测系统主要通过人员的响应、触发警报从而抑制火灾来实现。

②自动火灾检测系统。自动火灾检测系统最常见的是烟检测系统,其检测方式有三种:一是通过光电传感器执行和检测跨越某区域的红外线,若红外线被打断,则报警系统激活;二是利用电离传感器检测机房内所含的少量无害的辐射物质,当燃烧产生的某些辐射物质进入机房,使机房导电性改变,则检测器激活;三是空气除尘监测器,将机房空气过滤后移入包含激光束的房间,若激光束由于烟尘微粒而转向或折射,则报警系统激活。后两种检测系统更灵敏、速度更快,更适用于核心机房。[①]

(2)火灾防护

机房火灾防护的措施主要包括以下几点。

①机房所在建筑物的耐火等级应不低于二级,部分重要位置应达到一级,并远离易燃、易爆地。选择绝缘性能好的材料作为设备、导线和开关的绝缘材料。

②选择阻燃材料装修机房,如防火石膏板、防火漆等。

③配备自动消防系统,自动报警、灭火,并与空调系统联动控制,指定专人负责维护该系统的运行。

④配置消防器材并置于明显标志处,设置紧急出口并醒目标注。

⑤在活动地板下、吊顶上、空调管道及易燃物附近设置烟感器或温

① 季莹莹,刘铭,马敏燕.计算机网络安全技术[M].汕头:汕头大学出版社,2021.

感器。

⑥加强防护安全管理，强化防火意识和防火器材使用的培训；明确防火安全责任制；易燃品单独存放。

⑦机房应采取区域隔离防火措施，将重要设备与其他设备隔离开。

二、物理实体

(一)设备布置安全

设备布置安全通常应考虑以下几个方面。

(1)为减少干扰，设备应采取分区布置。可分为主机区、存储器区、数据输入区、数据输出区、通信区和监控调度区等。

(2)需要经常监视或操作的设备布置应便利操作。

(3)敏感数据的信息处理与存储设施应处于有效的监视区域内。

(4)产生尘埃及废物的设备应远离对尘埃敏感的设备，并集中布置在靠近机房的回风口处。

(5)两相对机柜正面之间的距离不应小于1.5m；机柜侧面(或不用面)距墙不应小于0.5m；走道净宽不应小于1.2m。

(二)设备供电安全

设备供电的安全直接影响网络设备的安全运行，因此，应采取有效措施保障设备的供电安全。设备供电安全设计主要从以下几点考虑。

(1)隔离。将电网电压首先输入隔离变压器、稳压器和滤波器组成的设备上，然后再通过滤波器输出电压供给系统中各设备，以隔离和衰减电网的瞬变干扰。

(2)稳压稳频。稳压稳频器通过电子电路来稳定电网输入的电压和频率，其输出供给各计算机设备，稳压稳频器通常由整流器、逆变器、充电器和蓄电池组组成。

(3)不间断电源(UPS)。UPS由大量蓄电池组组成，当出现交流电断电、过压、频率误差等情况时启动，继续为系统供电，同时兼具稳压作用。若机房较大，则需UPS电源容量很大，因此，从经济角度出发，UPS

供电更适用于小型机房。

(4)备用供电系统。建立备用供电系统(如备用发电机),以备常用供电系统停电时启用。备用供电系统能较长时间保证供电,较适用于大型机房。

(5)分散供电。空调、照明系统应与主机分开供电,即计算机系统供电可由 UPS 供给,其他可由外电直接供给。

(6)负荷均衡。设计电源分配时应计算功率平衡,将负荷均匀分配在电源的三相上。如由 UPS 提供的电源应通过辅配电柜二次分配,供给设备的电源通过辅配电柜上的开关加以控制,以均衡负荷。

(7)定期维护。为使供电设备运行良好,延长其使用寿命,应对供电设备做定期维护,包括:定期检查 UPS 以确保其电量充足;定期测试发电机组并配备充足燃料,以保障其持续工作的能力。

(三)存储介质安全

1. 常用存储介质

所谓存储介质,是指信息临时或长期驻留的物理媒介,是保证信息完整安全存放的方式或行为。存储介质主要包括磁介质、光介质、半导体介质等,如磁带、光盘、硬盘、软盘、闪存卡、智能卡等。

(1)磁带

磁带是一种早期比较常用的移动介质,可以存储几亿字节的数据,既快速又可靠,但其漏洞在于它的便携性,若没有良好的保护措施,磁带可以从一个网站上删除,然后再用相同的磁带机在其他系统中恢复,在恢复数据的过程中以前任何访问限制都是无效的,因此,入侵者可以毫不费力地获得对安全数据的访问权。

避免上述漏洞的方法如下:

①要求大部分备份程序对要备份的数据进行加密的功能,这样虽然增加了运行备份所必需的时间,但提高了它的安全性。

②加强对存储数据的磁带的保护,若入侵者不能把磁带带出安全区,就不可能在远程系统上恢复数据。因此,可以在数据中心门口安装大型

的电磁体，若磁盘或磁带等磁性介质通过电磁体，则磁性介质会被磁场消磁，从而变为无用之物。

(2)光盘

光盘是目前使用最广泛的移动存储介质，其成本低、性能高、容量大，且不受磁体的影响，因此在工业和制造业的环境中就比磁带更可靠。光盘的不足之处是容易被刮花，因此需要小心使用。

(3)硬盘驱动器

硬盘驱动器是一种磁性介质，是一个金属外壳中具有内置读写机制的磁盘，可以用读写机制读出或写入数据，能存储比磁带或光盘更多的数据，其安全性主要涉及两个方面：加密安全和物理安全。

①加密安全。对硬盘进行加密能确保把硬盘带出机房的人无法访问硬盘驱动器上的内容，虽然加密算法有可能被破解，但一般入侵者都不会花费过多的时间和精力去获取加密后的数据。

②物理安全。应确保计算机存放于安全的地方，如许多有热交换机壳的服务器，在机壳上通过加锁来保护驱动器，或者有些服务器在机壳上安装了可锁门的来保护硬盘。

(4)软盘

软盘也是一种用于传输数据的磁性介质，是在光盘普及之前最常用的方法，容量从老式的 256K 发展到 2GB。磁带和光盘的安全策略同样适用于软盘，另外还可以通过从计算机中移除软盘驱动器来避免数据的删除和引入。

(5)闪存卡

闪存卡是一种便携式数据存储器的芯片式解决方案，它不会被磁场破坏，而且由于使用整体线路技术来储存数据而使其长时间存储信息也不衰减，性能比较稳定。闪存卡应用范围非常广泛，从笔记本 PC 卡端口的简单数据存储到存储设备备份或路由器的引导信息都可以用到闪存卡，且体积小、易携带。目前常用的闪存卡主要有：压缩闪存、智能介质、安全数字卡、存储棒、个人计算机存储器卡国际联合会类型Ⅰ和类型Ⅱ存储卡、视频游戏控制台存储卡、拇指驱动器。

(6)智能卡

智能卡形同信用卡大小,其内部嵌入了一个或两个芯片以存储信息,与具有读卡能力的读卡器配合使用。智能卡对信息的保护体现在以下几个方面。

①设计了防篡改功能,若对智能卡进行修改,则卡就无法使用。

②对卡中的数据进行加密,避免授权读取智能卡的数据。

③智能卡抗物理损坏能力较强,其嵌在塑料片中,不受磁场和静态振动的影响。

2.存储介质安全设计

为避免存储介质损坏、存储的信息丢失或信息被窃取等情况对网络系统造成损失,必须对存储介质实施安全措施。

对存储介质的保护措施主要包括以下几种。

(1)建立专用存储介质库,访问人员仅限于管理员。

(2)旧存储介质销毁前清除数据。

(3)存储介质不用时均于存储介质库存放,并注意防尘、防潮,远离高温和强磁场。

(4)避免使存储介质受到强烈振动,如从高处坠落、重力敲打等,以防介质中存储的数据丢失。

(5)对介质库中保存的介质应定期检查,以防信息丢失。

(6)明确存储介质的保质期,并在保质期内转储需长期保存的数据。

第二节　计算机的网络安全设计

一、网络系统结构

(一)网络系统结构概述

1.网络系统安全设计原则

一般而言,设计安全的网络系统结构应满足以下原则。

（1）规范性原则。网络系统结构应基于国际开放式标准，能满足应用系统的变化，符合信息规划中的长远目标和适应未来环境的变化。

（2）可靠性原则。根据信息规划中的安全策略对网络结构、网络设备、服务器设备等各方面进行可靠性的设计和建设。

（3）先进性原则。采用先进成熟的技术满足当前的业务需求，并尽可能采用先进的网络技术以符合信息规划的要求，使整个系统在一段时期内保持技术的先进。

（4）扩展性原则。具有良好的扩展性和发展潜力，满足未来业务的发展和技术升级的需要。

（5）经济性原则。应以较高的性价比构建网络系统，使资金的产出投入比达到最大值，尽可能保留并延长已有系统的投资，充分利用以往在资金与技术方面的投入。

（6）可管理性原则。建立一个全面的网络管理解决方案，监控、监测整个网络的运行状况，合理分配网络资源、动态配置网络负载，可以迅速确定网络安全漏洞、网络故障等。

2.安全网络结构模式

安全网络结构采用层次设计模型，通常采取三层结构：核心层、汇聚层和接入层。

（1）核心层的主要功能是实现骨干网络之间的优化传输，是所有流量的最终承受者和汇集者。因此，核心层设计的重点通常是冗余能力、可靠性和高速的传输性能，对网络设备要求十分严格。[①]

（2）汇聚层的主要功能是连接接入层节点和核心层中心，也是连接本地的逻辑中心。因此，汇聚层在设计时需考虑较高的性能和较丰富的功能。为减轻核心交换机的处理压力，分布层交换机必须具备高性能的 2/3/4 层交换能力，具备 VLAN（Virtual Local Area Network，虚拟局域网）划分能力，为今后再次扩展、管理和增加设备提供方便。

① 汪双顶，陆沁.计算机网络安全[M].北京：人民邮电出版社，2018.

(3)接入层的主要功能是用户与网络的接口,提供即插即用的特性,易于使用和维护。因此,接入层在设计上应使用性价比高且稳定性好的设备,还应该考虑端口密度的问题。接入交换机由于下连用户,必须具备划分 VLAN 能力,使接入层的数据交换无须通过分布层交换机以减轻核心交换机的压力。

(二)安全区域划分

利用区域隔离网络上的不同区域是现代网络安全设计中的关键思想之一。区根据不同区域中设备的不同安全需求而提供保护,因此,分区使网络更易度量、更稳定。

1.区域划分原则

区域划分的一般原则如下:

(1)综合考虑整体网络系统的需求。整体网络的安全区域设计规范用于规范整个系统进行安全部署时各个安全区域安全策略的相互协调,减少故障点,提高可用性。

(2)定义清楚的安全区域边界。设定清楚的安全区域边界,明确安全区域策略,从而确定需要部署何种安全技术和设备。

(3)专用网络设备于最安全区中。通常情况下,该区很少或禁止从公共网络进行访问,使用防火墙等安全部件控制访问,并需要严格的认证和授权。

(4)设置内部访问的服务器于单独的专用安全区中。使用防火墙控制对该区的访问,并需要严密地监控和记录访问过程。

(5)设置需要从公共网络上访问的服务器于隔离区中。各种类型服务器的隔离区按照最安全的类型配置。将服务器置入一个同其他服务器完全隔离的区域,当该服务器受到攻击时,避免其他服务器受到访问或攻击。

(6)设置分层的防火墙于通向网络中最易受攻击的路径中。在网络层中使用不同类型的防火墙,以防止因防火墙软件中的漏洞而使专用网络受损。

2. 非武装区

(1)非武装区(DMZ)的定义

所谓非武装区，是指根据所包含的设备性质不同而将其同网络的其他部分分割开所来的区。DMZ是安全网络设计的一个网站组件，通常驻留专用网络和公共网络之间的一个子网，使用防火墙来控制对它们的访问。

(2)创建DMZ的方法

创建DMZ的常用方法如下：

①使用三脚防火墙创建DMZ。使用一个三脚防火墙是创建DMZ最常用的方法。该方法使用一个有三个接口的防火墙提供区之间的隔离，每个隔离区成为该防火墙接口的一员。

②在公共网络和防火墙之间创建DMZ。该方法创建的DMZ置于防火墙之外，通过防火墙的流量首先通过DMZ。在朝向公共网络的方向上建立路由器，只允许以特定的端口号访问DMZ中的成员机器。该方法的缺点是无法使配置中防火墙的安全特性起效。

③在防火墙之外创建DMZ。该方法创建的DMZ与第二种DMZ相似，但它不位于公共网络和防火墙之间，而是位于公共网络边缘路由器的一个隔离接口。该配置中的边缘路由器能拒绝所有从DMZ子网到防火墙所在子网的访问，当DMZ子网的主机受到攻击时，能防止攻击者利用该主机对防火墙和网络做进一步攻击。

④在层叠的防火墙之间创建DMZ。该方法采用了两个防火墙，并将两个防火墙之间的网络作为DMZ。由于DMZ前面设置了防火墙而使得安全性得以提高，但缺点是所有经由专用网络流向公共网络的流量必须经过DMZ网络。

(三)物理隔离

为了降低来自网络的各种威胁，广泛地采用了各种复杂的软件技术，如防火墙、代理服务器、侵袭探测器、通道控制机制等，但由于这些技术都是基于软件的保护，是一种逻辑机制，对于黑客而言可能被操纵，无法满足军队、政府等关键部门提出的高度数据安全的要求，因此，实施物理隔离尤为重要。

1. 物理隔离概述

若内部网络与外部网络之间没有相互连接的通道，则实现了物理隔离，就能够确保外网无法通过网络入侵内网，同时，也防止内网信息通过网络泄露到外网。

通常在某些特殊行业需要一种足以保障自身安全又可以实现网络通信的隔离产品，这些行业如下：

(1)政府机关。使政府网络在物理隔离的基础上实现 WWW 浏览和 E-mail 邮件的收发。

(2)涉密单位。受国家保密政策的影响，涉密单位迫切需要将已建成的办公局域网同 Internet 或上一级专网实行物理隔离。

(3)金融、证券、税务、海关等行业。在物理隔离的条件下实现安全的数据交换。

随着技术的不断发展、需求的不断增加，许多新的物理隔离思路应运而生，如服务器端的物理隔离，使用户在实现内、外网安全隔离的同时，以较高的速度完成数据的安全传输。物理隔离产品因其卓越的安全性、稳定性，将逐步在安全领域占有更多的市场份额，成为主流的网络安全产品。

2. 物理隔离原理

物理隔离设备，隔离、阻断了网络的所有连接，也隔离、阻断了网络的连通，那两个独立的主机系统之间如何进行信息交换？

物理隔离设备是通过数据摆渡的方式实现两个网络之间的信息交换的，何为摆渡，即物理隔离设备在任何时刻只能与一个网络的主机系统建立非 TCP/IP 协议的数据连接。当它与外部网络的主机系统相连接时，它与内部网络的主机系统必然是断开的；反之亦然，这样就保证了内、外网络不能同时连接在物理隔离设备上。

因此，网络的外部主机系统通过网络隔离设备与网络的内部主机系统连接起来，物理隔离设备将外部主机的TCP/IP协议全部剥离，将原始的数据通过存储介质以摆渡的方式导入内部主机系统，实现信息的交换。物理隔离设备在网络的第七层将数据还原为数据文件，再通过摆渡文件的形式来传递还原数据，而任何形式的数据包、信息传输命令和TCP/IP协议都不可能穿透物理隔离设备，其不同于透明桥、混杂模式、代理主机等。

3. 物理隔离产品

在物理隔离产品方面，通常桌面级物理隔离技术有物理隔离卡和隔离集线器，企业级物理隔离技术有物理隔离网闸。

(1)物理隔离卡

物理隔离卡也称为网络安全隔离卡，是物理隔离的初级实现形式，一个物理隔离卡仅控制一台PC机，它被设置在PC中最低的物理层上，通过卡上一边的IDE总线连接主板，另一边连接IDE硬盘，每次切换都需要开关机一次。

物理隔离卡的工作原理是：将一台PC机虚拟为两台计算机，使工作站拥有两个完全隔离的双重状态——安全状态和公共状态。在这种网络结构中，既可在安全状态，又可在公共状态，两个状态是完全隔离的，从而使一台工作站可在完全安全状态下连接内、外网。

当工作站处于安全状态时，主机只能通过硬盘的安全区与内网连接，而此时外网连接断开，硬盘公共区的通道封闭；当工作站处于公共状态时，主机只能通过硬盘的公共区与外网连接，而此时内网断开，硬盘安全区封闭，从而使一台工作站可在安全状态下连接内、外网。[①]

(2)物理隔离集线器

物理隔离集线器也称为网络线路选择器，是一种能够对需要隔离保护的多个终端集中进行内、外网连接的多路开关切换设备，具有标准的RJ－45接口，通常与网络隔离卡配合使用，入口与网络隔离卡相连，出口

① 王海晖，葛杰，何小平.计算机网络安全[M].上海：上海交通大学出版社，2020.

分别与内、外网的集线器相连。

物理隔离集线器配备了 IP 切换软件，利用其多路开关切换功能，当用户切换内、外网络时，只需点击 IP 切换软件的切换图标而不需重启机器即可自动完成 IP 地址转换，并向物理隔离集线器发出切换信号，物理隔离集线器随即实现切换和内、外网的隔离。物理隔离集线器实现了多台独立的安全计算机，仅通过一根网线即可与内、外网络进行安全连接，并自动切换，进一步提高了系统的安全性。

一般而言，通过在电线上增加一个 DC 电压信号来控制两个不同网络间的转接，而信号的极性可以测定哪一个网络通过网络安全隔离集线器与工作站连接。此时若没有检测到 DC 电流，两个网络都会被全部切断，这样减少了安全区的工作站被错误地连接上未分类网络的风险，并且安全隔离集线器操作透明、无需维修，对以太网/快速以太网的标准通信没有任何影响。

(3)物理隔离网闸

物理隔离网闸又称为网络安全隔离网闸，是使用带有多种控制功能的固态开关读写介质连接两个独立主机系统的信息安全设备，利用双主机形式从物理上隔离阻断潜在攻击的连接，包括诸多阻断特性，如无通信连接、无命令、无协议、无 TCP/IP 连接，无应用连接、无转发包等。

4.物理隔离方案

通过合理部署上述三种常用的物理隔离产品来实现内、外网的安全访问，通常有以下几种物理隔离方案。

(1)主机隔离方案

主机隔离方案采用物理隔离卡进行物理隔离，属终端隔离解决方案，适用于内、外网络均直接布线到桌面信息点的双网布线环境，用户可访问内网和 Internet 外网，同时确保内网的绝对安全。

(2)信道隔离方案

信道隔离方案采用物理隔离集线器进行物理隔离，属终信道隔离解决方案，适用于单网布线环境下终端 PC 不存储涉密信息，用户需要访问内网和 Internet 外网，但同时要确保内网的各类数据库的绝对安全。

(3)主机一信道双网隔离方案

顾名思义，主机一信道双网隔离方案采用物理隔离卡和物理隔离集线器两类产品进行物理隔离，属于混合隔离解决方案，适用于桌面信息点为单网线布线环境下的物理隔离，用户可以访问内网和 Internet 外网，同时确保内网的绝对安全。

(4)主机一信道多网隔离方案

主机一信道多网隔离方案与方案三类似，不同之处在于隔离的可能不止两个网络，也许是三个、四个网络。该方案适用于多个网络之间的物理隔离，一台主机要分别访问多个不同密级的网络，同时确保涉密网络的绝对安全。

二、网络系统访问控制

(一)网络访问控制

所谓网络访问控制，是指对网络中的数据进行控制，按照一定的控制规则来允许或拒绝数据的流动。

1. 网络访问控制策略

防火墙实现了对网络的访问控制，通过一系列的规则控制信息流的流动。网络中可以实施的信息流控制主要包括以下几种。

(1)信息流方向。入网信息流是从外部不可信的信息源进入内部可信网络；出网信息流是从内部可信网络发送到外部不可信网络。

(2)信息流来源。包括来自内部可信网络和外部不可信网络的信息流。

(3)IP 地址。通过使用源地址和目的地址对特定信息流进行过滤。

(4)端口号。端口号可以区分并过滤不同类型的服务。

(5)认证。通过认证对应用进行控制，审核服务的访问对象。

2. 网络访问控制设计

一般而言，对 Internet 的访问控制设计形式有如下四种。

(1)在内部网络与 Internet 的连接之间防火墙的设置

防火墙一般有三个接口:一是用以连接 Internet;二是用以隔离提供给 Internet 用户的服务(如 E-mail、FTP 和 HTTP 等);三是用以隔离 AAA 服务器。

(2)局域网和广域网之间防火墙的设置

若网络设置了边界路由器,则利用其包过滤功能及相应的防火墙配置就使原有的路由器具有了防火墙的功能,而 DMZ 中的服务器可以直接与边界路由器相连,这样边界路由器和防火墙就一起组成了两道安全防线。

(3)内部网络不同部门之间防火墙的设置

在企业内部需要对安全性要求较高的部分进行隔离保护,可采用防火墙进行隔离,并对防火墙进行相关的设置,其他部门用户访问时会对其身份的合法性进行识别。通常采用自适应代理服务器型防火墙。

(4)用户与中心服务器之间防火墙的设置

利用三层交换机的 VLAN 功能在三层交换机上将有不同安全要求的服务器划分至不同的 VLAN,然后借助高性能防火墙模块的 VLAN 子网配置,将防火墙分为多个虚拟防火墙,便于使用和管理。

(二)拨号访问控制

所谓拨号访问控制,是指对远程访问网络的用户进行控制,按照一定的控制规则来允许或拒绝用户的访问。

1. 拨号访问环境

拨号访问通常包括不同地域的分支机构间的访问、远程工作者和移动用户对内部网络的访问等,可通过公共交换电话网络(PSTN)来实现,例如,调制解调器连线和 ISDN 等。不同地域的分支机构间可通过 T1 线路连接,远程工作者可通过 ISDN 拨号连接,移动用户可通过调制解调器拨号连接。

为了进行安全的拨号访问,必须根据拨号访问的用户和试图建立连接的位置等因素严格控制他们对内部网络的访问,因此,可结合防火墙的功能和入侵检测系统等措施确保准确的连接和数据流量的分析。

一般而言，拨号访问主要关注以下安全因素。

(1)拨号者身份。

(2)拨号者所处位置。

(3)拨号目的地是否经过授权。

(4)一次连接的持续时间。

(5)通信是否经过认证。

2. AAA 组件

所谓 AAA，即认证(Authentication)、授权(Authorization)和记账(Accounting)的简称，是指安全设备实现安全特征的一个整体组件，用于认证和授权用户的访问权限，并对认证或授权用户所做行为进行跟踪和记录。

(1)认证

认证是指在访问不同类型的资源之前，设备或用户进行身份验证的过程。用户提供口令至认证设备，认证设备根据数据库中的口令检查该口令是否正确，若正确，则用户可以访问和使用提供的资源。

当认证范围较小时，则认证可通过使用接入设备(如路由器或 PIX 防火墙等)上提供的口令列表来完成；当认证范围较大时，则对口令进行认证的设备通常由一个专用的服务器(如 RADIUS 或 TACACS+服务器等)来完成，认证方法包括一次性口令、可变口令和基于外部数据库的认证等。

认证设置过程通常包括四个步骤。

①启用 AAA。

②设置认证参数数据库。将用户名或设备名和口令定义在本地路由器或 AAA 服务器数据库中，当口令被请求认证后，服务器则会提供给路由器认证成功或失败的信息。

③设置方法列表。方法列表用于指定进行用户或设备认证的方法。方法列表中可以定义四种方法，当第一种方法没有返回认证成功或失败

的信息时，则认证方法会依次向后执行，直至返回结果为止。

④应用方法列表。完成方法列表设置后，需要将列表配置到所有行和接口。若设置了默认的列表，则默认列表自动应用到行和接口。

(2)授权

授权是指用户或设备被给予访问网络资源权限的过程。当授权启用时，网络接入服务器从用户配置文件检索信息，并以此来配置用户的会话，若用户配置文件信息允许，则用户就被授予访问特定服务的权限。

设置授权是在完成认证设置后进行的，通常包括两个步骤。

①设置授权方法列表。授权方法列表定义了用于授权的服务以及授权的方法。方法列表由多种方法组成，每个方法都将被尝试直至授权成功。

②应用方法列表。与认证设置类似，完成授权方法列表设置后，需要将列表配置到所有行和接口。

(3)记账

记账是指网络接入服务器统计认证或授权用户及设备所做行为的记录。

统计消息以统计记录的形式在接入设备和安全服务器之间交换。统计记录包含统计属性一值(AV)对，存储于安全服务器上，利用该记录可对网络管理、客户统计和审计等进行分析。

记账设置步骤与授权设置步骤类似。

(三)网络边界安全

1.网络边界安全的概念

所谓网络边界，是指公众网络与内部网络连接的分界。主要包括以下区域。

(1)专用 WAN 链路。连接到企业分支机构或其他机构的广域网连接。

(2)Internet 连接。从内部网络到 Internet 的任何连接。

(3)屏蔽子网。网络中具有受限信任级别的区域。

(4)远程用户 VPN。远程用户通过公共网络访问内部网络虚拟专用网络。

(5)无线连接。

所谓网络边界安全,是指在网络边界上采用防火墙、VPN 等技术和设备建立用以保障网络信息安全的措施。

2. 网络边界安全设计

网络边界安全设计需满足支持一定的吞吐量、较好的安全性和较多的连通性选择等要求,提供对外部的 Internet、远程用户拨号和专业 WAN 连通性等服务。[①]

状态防火墙。状态防火墙实现状态访问控制,监控内部网络与 Internet 连接的状态,阻止更多类型的 DoS 攻击,并有更丰富的日志功能。

以太网交换机。该设计采用了较多的以太网交换机。

第三节 计算机的应用安全设计

一、应用身份验证

(一)应用身份验证概念及其基本要求

1. 应用身份验证概念

应用身份验证是指对登录应用系统的用户身份进行认证的过程。身份验证是对用户身份的证实,用于识别合法或者非法的用户,阻止未授权用户访问应用系统资源。身份验证是任何应用系统最基本的安全机制。

2. 应用身份验证的基本要求

(1)应提供专用的登录控制模块对登录用户进行身份标识和鉴别。

(2)应对同一用户采用两种或两种以上组合的鉴别技术实现用户身份鉴别,其中一种是不可伪造的。

① 王海晖,葛杰,何小平. 计算机网络安全[M]. 上海:上海交通大学出版社,2020.

(3)应提供用户身份标识唯一和鉴别信息复杂度检查功能,保证应用系统中不存在重复用户身份标识,身份鉴别信息不易被冒用。

(4)应提供登录失败处理功能,可采取结束会话、限制非法登录次数和自动退出等措施。

(二)应用身份验证的方式及措施

1.应用身份验证的方式

应用身份验证方式主要有下述方式或其组合方式。

(1)口令方式。

(2)智能卡认证方式。

(3)动态令牌方式。

(4)USB Key 认证方式。

(5)生物证明方式。

2.口令安全管理措施

口令方式是应用系统身份验证的重要方式之一。许多应用均采用"口令方式+其他验证方式"的方法来验证用户的身份,如用户使用银行ATM系统采用方式"银行卡+口令",用户访问重要业务系统采用方式"USB Key+口令"等。因此,对口令实施安全管理十分重要。

通常来讲,口令安全管理主要由管理部门、用户及应用系统等三部分构成。管理部门主要负责安全分配用户口令并对口令进行管理;用户安全负责选择和使用口令并承担相应责任;应用系统则提供用户登录模块(或口令管理模块)以支撑口令的技术管理。

(1)管理部门的基本职责

第一,要求用户保守口令的秘密。当用户被授权访问应用系统时,确保他们在开始时得到一个安全临时口令,然后要求他们立即更换。以后当用户忘记其口令并对用户进行正确地识别后,方可再向其提供临时口令。

第二,要求以安全方式给用户提供临时口令。例如,必须避免被第三方使用口令;必须避免使用无保护的明文电子邮件发布口令;当用户收到口令后，必须进行确认。

第三，绝不允许将口令以无保护的形式存储在计算机系统内。

(2)用户的基本职责

①基于下述因素，选择一个不易被猜出的高质量口令。

第一，口令长度不小于6个字符。

第二，不容易记忆。

第三，不要采用别人容易利用的、与本人有关的信息作为口令。例如姓名、电话号码、生日、门牌号等。

第四，不要用连续等同字符或全数字群或全字母群。

②在使用口令时，要采用以下措施以防止口令泄漏。

第一，保守口令的保密性。

第二，避免保留口令的字面记录，除非这些记录会被安全地保管起来。

第三，任何时候若有迹象表明系统或口令可能受损害，就要及时更换口令。

第四，一定时间间隔或访问次数达一定值时，就要更换口令，且要避免重复使用或循环使用旧口令。

第五，在第一次登录时，就要更换临时口令。

第六，不要把口令保留在任何自动登录的过程中。

第七，不要与他人共享个人用户口令。

(3)应用系统的基本要求

应用系统中的用户登录模块设计，应满足下述要求。

①在成功登录之前，不显示有关系统或应用标识符的信息。

②通过显示一般的通知警告，以表明应用系统仅允许授权用户访问。

③在登录过程中，不给非授权用户提供帮助信息。

④只有完成所有输入数据时，才确认登录信息。如果发生错误，则系统不提示数据的哪个部分是对的或是错的。

⑤限制所允许的不成功登录次数。

⑥当成功登录时,显示上次成功登录的日期和时间,以及从此次成功登录以来任何不成功登录的详细情况等信息。

二、应用访问控制

(一)应用访问控制概念及其基本要求

1. 应用访问控制概念

应用访问控制是指主体访问客体的权限限制。其中,主体是指一种能访问对象的活动实体,如应用系统的用户、应用系统的某进程等;客体是指接收信息的实体,如文件、应用系统、信息处理设施等。

简单地讲,应用访问控制是指对应用系统的访问应在确保安全的基础上予以控制。应用访问控制主要包括两类控制:预防性控制和探测性控制。其中,预防性控制用于识别每一个授权用户并拒绝非授权用户的访问;而探测性控制则用于记录和报告授权用户的行为及非授权访问或访问企图,并对应用系统的使用与访问情况进行监控。

2. 应用访问控制的基本要求

(1)应提供自主访问控制功能,依据安全策略控制用户对文件、数据库表等客体的访问。

(2)自主访问控制的覆盖范围应包括与信息安全直接相关的主体、客体及它们之间的操作。

(3)应由授权主体配置访问控制策略,并禁止默认账户的访问。

(4)应授予不同账户为完成各自承担任务所需的最小权限,并在它们之间形成相互制约的关系。

(二)应用访问控制的主要措施

应用访问控制的主要措施包括确定访问控制规则、建立和控制用户访问权限、严格控制特权访问、限制工具软件使用、限制高风险应用连线时间、监控应用系统访问和使用情况等措施。[①]

---

① 袁康.网络安全的法律治理[M].武汉:武汉大学出版社,2020.

1. 确定访问控制规则

访问控制规则应该明确规定禁止什么和允许什么，在说明各种访问控制规则时，应注意考虑以下各项。

(1)强制执行规定与可选择或有条件的规则间的区别。

(2)建立规则以强硬原则为前提。所谓强硬原则，是指对所有的事情通常必须禁止，除非明确地表示准许。

(3)信息标记中的变更，应明确标明是通过信息处理设备自动生效还是由用户决定其生效。

(4)用户提出的变更要求，应明确是由应用系统自动采纳生效还是由管理人员采纳生效。

(5)规则在颁布之前需由业务部门(即使用应用系统部门)主管领导批准。

2. 建立和控制用户访问权限

(1)建立用户访问权限

①使用唯一的用户标识符(ID)。若用户组共用同一用户标识符，则只能访问其共有的业务系统及资源。

②对授权访问的级别进行审查，审查内容包括该级别是否符合业务要求、是否与组织安全策略一致等。

③用户访问系统和服务的权限须得到批准方可使用。

④给用户一份其访问权限的书面说明，并要求用户在访问权限书面说明上签字，以表明他们了解访问条件。

⑤保证服务提供者在授权程序完成之前不提供访问服务。

⑥保持一份所有登记人员利用服务的正式记录。

⑦对改变工作或离开组织的用户，立即取消他们的访问权。

⑧定期核查和取消多余用户的识别符和账户，确保不发给其他用户。

⑨如果员工或服务代理人进行非授权访问，应按组织的惩罚规定对其进行惩戒。

(2)控制用户访问权限

①对于具有访问应用系统权限的用户,仅提供其权限访问类的应用系统功能(菜单),以限制其对不该访问的信息或应用系统功能的了解。

②控制用户访问权,例如,对读、写、删除以及执行进行限制。

③确保重要应用系统(即处理敏感信息的应用系统)的输出仅发送给授权的终端。同时,对这类输出信息进行定期评审,以确保超出正常使用的信息已被消除。

(3)定期评审用户的访问权限

①为保持对数据和信息服务的访问进行有效地控制,避免非授权用户或多余用户的存在,访问权限管理部门要定期对用户访问权限进行评审。

②特权用户的评审周期比一般用户的评审周期短。一般而言,特权用户的评审每三个月进行一次,一般用户的评审每半年进行一次。

③对评审发现的问题应采取必要的措施予以纠正,如取消过期用户的账号和标识符。

④对评审的结果要予以记录。

3. 严格控制特权访问

特权是指用户具有超越应用系统控制特殊权限。例如,应用系统的维护管理人员便拥有特权,其访问权限高于一般用户,他可以对系统进行配置或对一般用户的权限进行控制。由于"应用系统多余的特权分配与使用""应用系统特权的滥用"是造成系统故障或破坏(如数据篡改、敏感信息泄漏等)的重要因素,因此对特权进行严格控制十分必要。特权分配有以下原则。

(1)特权分配以"使用需要"(Need to use)和"事件紧随"(Event by event)为基础,即特权设置应以"应用需求、权利最小"为依据。

(2)特权在完成特定任务后应被收回,以确保特权者不拥有多余的特权。

(3)明确业务应用系统、数据库系统的具体操作特权及其特权拥有者。

(4)保持一个授权过程和全部特权分配的记录。在授权过程完成之前,特权不应当被承认。

(5)在系统例行的开发与应用过程中,应避免向用户授予特权。

(6)若特权者不在岗位(如外出等),应有相应的应急方案(特权交接措施等)。

(三)应用访问控制的基本功能

在进行应用系统设计时,访问控制是其必备的功能。一般而言,一个应用系统应具备下述的基本的访问控制功能。

(1)应提供专用的登录控制模块:对登录用户进行身份识别。

(2)应具有访问控制功能:能控制用户访问应用系统的相关功能模块。

(3)能支持单一的用户 ID 和口令:能满足用户单点登录功能即可访问各种应用子系统。

(4)能遏制未授权访问:能防止越过系统控制或应用控制的任何实用程序、操作系统软件和恶意软件进行未授权访问。

(5)支持远程访问:授权用户可从异地远程访问应用系统的各种资源。

(6)具有日志记录功能:能监控用户对应用系统的使用和访问情况。

三、应用安全审计

(一)应用安全审计概念及其基本要求

1. 应用安全审计概念

应用安全审计是指对应用系统的各种事件及行为实行检测、信息采集、分析并针对特定事件及行为采取相应比较动作。

应用安全审计的目的在于:通过对应用系统各组成要素进行事件采集,并将采集的数据进行自动综合和系统分析,以期提高应用系统的安全管理效率。

2.应用安全审计的基本要求

(1)应提供覆盖到每个用户的安全审计功能,对应用系统重要安全事件进行审计。

(2)应保证无法单独中断审计进程,无法删除、修改或覆盖审计记录。

(3)审计记录的内容至少应包括事件的日期、时间、发起者信息、类型、描述和结果等。

(4)应提供对审计记录数据进行统计、查询、分析及生成审计报表的功能。

(二)应用安全审计的基本流程

首先,对应用系统进行事件采集,将收集到的事件进行事件辨别与分析。其次,若辨别和分析结果为策略定义的审计记录事件,则对结果进行汇总处理(如数据备份和报告生成)。若辨别和分析结果为策略定义的需要响应的事件,则对结果进行事件响应处理,如:事件报警。同时,将响应产生的结果进行汇总,并根据事件响应调整审计策略,将策略下发到代理,更新代理的审计采集策略。[①]

1.事件采集

事件采集阶段是指事件代理按照预定的审计策略对应用系统进行相关审计事件采集,并且将形成的结果交由事件处理阶段进行处理。

对事件处理阶段条件的安全策略分发至各个审计代理,审计代理依据安全审计策略对应用系统进行审计采集。

2.事件处理

事件处理阶段包含以下行为。

(1)事件处理阶段对采集到的事件进行事件处理,按照预定审计策略进行事件辨析,决定。

①忽略该事件。

②产生审计信息。

① 钟静,熊江.计算机网络实验教程[M].重庆:重庆大学出版社,2020.

③产生审计信息并报警。

④产生审计信息且进行响应联动。

(2)对实时信息与审计库记录的审计信息,按照用户定义与预定策略进行数据分析并形成审计报告。

(3)对审计记录器按照预定策略进行数据备份。

(4)按照事件响应阶段制定的安全策略,协调各组件的工作。

3.事件响应

事件响应阶段包含以下行为。

(1)对事件处理阶段产生的报警信息、响应请求进行报警与响应。

(2)对事件进行分析以生成各类审计分析报告。

(3)按照预定的安全策略对请求记录与备份数据,写入数据库与备份数据库。

(4)根据用户需求制定安全策略并交由事件处理阶段处理。

(三)应用安全审计的总体目标

应用安全审计的总体目标可以归结为“333”策略,即审计精度上做到“3审”、审计深度上做到“3看”、审计证据上做到“3给”。

1.审计精度上做到“3审”

“3审”是指“审用户、审角色、审权限”。其中,审用户是指审计使用应用系统的所有用户;审角色是指审计使用应用系统功能的各种角色;审权限是指审计用户的权限,包括用户权限和操作权限。审用户、审角色、审权限三者有机结合,从而对应用安全审计进行了精确定位。

2.审计深度上做到“3看”

“3看”是指“看协议、看程度、看回放”。其中,看协议是指审计相关协议的使用情况,以判断用户操作数据库和应用系统的具体行为;看程度是指审计对协议的分析深度,以确定出用户对应用系统或数据库操作的具体命令;看回放是指通过审计记录内容,能够根据各种协议的不同语义进行回放,从而真实地再现用户操作过程,让应用系统的管理人员可以做到有据可查。

3. 审计证据上做到“3 给”

“3 给”是指“给证据、给分析、给报告”。其中，给证据是指对不合规定的相关操作（如不按规定进行运维操作、不按规定直接访问后台数据库、使用未经许可的软件访问重要系统等）做出翔实的审计记录，为下一步采取措施提供依据；给分析是指根据各种系统日志里面去分析是否有各类协议行为、操作结果留下来的“蛛丝马迹”来判断是否发生了针对业务的安全事件；给报告是指提供设计一套完善的审计报告，使得用户能迅速地得到自己最关心的信息。

第四节　计算机的数据安全设计

一、数据完整性

（一）导致数据不完整的因素

当数据完整性遭到破坏时，意味着发生了导致数据丢失或损坏的事件，首先，应究其原因，以便采取适当的方法予以解决。

一般而言，导致数据不完整的因素主要有以下几种。

1. 硬件故障

若硬件发生故障，则对数据的完整性往往具有致命性的破坏，故应高度重视以防范该类故障的发生。常见的导致数据不完整的硬件故障有：硬盘故障、I/O 控制器故障、电源故障和存储故障等。

（1）硬盘故障

硬盘故障是计算机系统运行过程中最常见的硬件故障，由于文件系统、数据和软件等均存放于硬盘上，因此，一旦发生硬盘故障则对系统造成的损失较大。

（2）I/O 控制器故障

I/O 控制器会在读写的过程中将硬盘上的数据删除或覆盖，若一旦发生 I/O 控制器故障，则数据可能因被完全删除而无法恢复，其影响比硬盘故障更严重。虽然 I/O 控制器故障的发生率很低，但依然存在。

(3)电源故障

电源故障可能由于外部电源中断或内部电源故障引起，因而不可预计的系统断电会使存储器中的数据丢失。

(4)存储故障

存储故障包括硬盘、软盘或光盘等外存储器由于振动、划伤等原因使存储介质磁道或扇区坏死、内部故障、表面损坏等，从而导致数据无法读出。

2. 软件故障

软件故障也是威胁数据完整性的重要因素之一，通常，导致数据不完整的软件故障有：软件错误、数据交换错误、容量错误和操作系统错误等。

(1)软件错误

软件错误是指软件因安全漏洞而出现的错误，会对用户数据造成损坏。

(2)数据交换错误

数据交换表示运行的应用程序之间进行数据交换，在文件转换过程中生成的新文件不具备正确的格式时会导致数据交换错误，威胁数据的完整性。

(3)容量错误

当系统资源容量达到极限时，磁盘根区被占满，使操作系统运行异常，引起应用程序出错，从而导致数据丢失。

(4)操作系统错误

操作系统的漏洞及系统的应用程序接口(API)工作异常均会造成数据损坏。

3. 网络故障

(1)网卡和驱动程序故障。网卡和驱动程序的故障通常只造成用户无法访问数据而不损坏数据，但若网络服务器网卡出现问题，则服务器会停止运行，可能会损坏已被打开的数据文件。

(2)网络连接问题。网络连接一般存在两种问题：一是数据在传输过程中由于互联设备(如路由器、网桥等)的缓冲区容量不足而引起数据传输阻塞，从而使数据包丢失；二是由于互联设备的缓冲区容量过大，信息流量负担过重而造成时延，导致会话超时，从而影响数据的完整性。[①]

4.人为因素

由于分布式系统中最薄弱的环节是操作人员，因此，人为因素是破坏数据完整性较难控制的因素，一般有恶意破坏和偶然性破坏两种。

(1)恶意破坏是一些怀有不良企图的人通过各种途径对计算机系统或网络传输中的数据进行篡改、破坏或销毁，如黑客攻击等。

(2)偶然性破坏是非有意地修改或删除数据，如用户操作失误等。

5.意外灾害

意外灾害通常包括自然灾害、工业事故、恐怖袭击等。由于灾害事件难以预料，并且破坏性极强，摧毁包括数据在内的物理载体，对损坏的数据无法恢复，对数据的危害性极大。

(二)鉴别数据完整性的技术

1.报文鉴别

与数据链路层的CRC控制类似，将报文名字段(或域)使用一定的操作组成一个约束值，称为该报文的完整性检测向量ICV(Integrated Check Vector)，然后将它与数据封装在一起进行加密，传输过程中由于侵入者不能对报文解密，也就不能同时修改数据并计算新的ICV，这样，接收方收到数据后解密并计算ICV，若与明文中的ICV不同，则认为此报文无效。

2.校验和

使用校验和是完整性控制最简单易行的方法，计算出该文件的校验和值并与上次计算出的值比较。若相等，说明文件没有改变；若不等，则说明文件可能被未察觉的行为改变了。校验方式可以查错，但不能保护数据。

3.加密校验和

将文件分成小块，对每一块计算CRC校验值，然后再将这些CRC值加起来作为校验和。只要运用恰当的算法，这种完整性控制机制几乎无法攻破。但这种机制运算量大且昂贵，只适用那些完整性要求保护极高

① 史望聪，钱伟强.计算机网络安全[M].东营：中国石油大学出版社，2017.

的情况。

4.消息完整性编码MC

使用简单单向散列函数计算消息的摘要，连同信息发送给接收方，接收方重新计算摘要，并进行比较验证信息在传输过程中的完整性。这种散列函数的特点是任何两个不同的输入不可能产生两个相同的输出。因此，一个被修改的文件不可能有同样的散列值。单向散列函数能够在不同的系统中高效实现。

(三)提高数据完整性的方法

1.数据容错技术

所谓容错技术，是指当计算机由于器件老化、错误输入、外部环境影响及原始设计错误等因素产生异常行为时，维持系统正常工作的技术总和。具体而言包括以下几种。

(1)备份和转储

用于恢复出错系统或防止数据丢失的最常用方法即为备份，它是系统管理员或数据库管理员最不可或缺的日常工作。备份是将正确、完整的数据拷贝到磁盘、光盘等存储介质上，若系统数据的完整性受到破坏，则将系统最近一次的备份恢复到计算机上。转储过程与备份类似。

(2)镜像

镜像技术是指两个等同的系统完成相同的任务，若其中一个系统出现故障，则另一个启动工作，以防止系统中断。一般而言，镜像有两种实现方法：逻辑上，将网络系统中的文件系统按段拷贝到网络中另一台计算机或服务器上；物理上，建立磁盘驱动器、驱动子系统和整个机器的镜像。

(3)归档

归档是将文件从网络系统的在线存储器上转出，将其拷贝到磁带、光盘等存储介质上以便长期保存。此外，为节约网络的存储空间，还可删除旧文件，并把在线存储器上删除的文件转入永久介质上，以加强对文件系统的保护。

(4)分级存储管理

分级存储是指根据数据不同的重要性、访问频次等指标分别存储在不同性能的存储设备上，采取不同的存储方式，它包括在线存储、近线存储和离线存储三种存储形式。所谓分级存储管理，是指将高速、高容量的非在线存储设备作为磁盘设备的下一级设备，然后将磁盘中常用的数据按指定的策略自动迁移到磁带库等二级大容量存储设备上，当需要使用这些数据时，分级存储系统会自动将这些数据从下一级存储设备调回到上一级磁盘上，它是离线存储技术与在线存储技术的融合。

(5)奇偶校验

奇偶校验是提供一种监视的机制，来保证不可预测的内存错误不至于引起服务器出错而导致数据完整性的丧失。

(6)故障前预兆分析

故障前预兆分析是在设备发生故障前，根据设备不断增加的出错次数、设备的异常反应等情况进行分析，判断问题的症结，以便做好排除的准备。

(7)电源调节

当负载变化时，电网的电压可能会有所波动，会影响系统的正常运行，因此，电源调节能为网络系统提供恒定平衡的电压。

2. 实现容错系统的方法

容错系统是在正常系统的基础上，利用资源冗余来实现降低故障影响或消除故障的目的，故容错系统通常采取增加软硬件成本的方式来实现。常用的容错系统的实现方法有：空闲备件、负载平衡、冗余系统配件、磁盘镜像、磁盘双工和磁盘冗余阵列等。

(1)空闲备件

所谓空闲备件，是指在系统中配置一个处于空闲状态的备用部件，当原部件发生故障时，备用部件将启动并取代原部件的功能以保持系统继续正常运作。比如，为当前打印机在系统中配备一个空闲的低速打印机，在当前打印机故障后该低速打印机将启动完成打印功能。

(2)负载平衡

所谓负载平衡，是指两个部件共同承担一项任务，当其中一个出现故障时，另一个部件将承担两个部件的全部负载。负载平衡常用于服务器系统中采用的双电源、网络系统中的对称多处理等。

(3)冗余系统配件

所谓冗余系统配件，是指在系统中增加一些冗余配件以增强系统故障的容错性，如不间断电源、I/O设备和通道、主处理器等。

(4)磁盘镜像

为了防止磁盘驱动器故障而丢失数据，利用磁盘镜像在系统中设置两个磁盘驱动器，数据存储时同时写入主盘和镜像盘，并写后读进行一致性验证。当主磁盘驱动器发生故障时，系统可利用镜像磁盘驱动器继续操作数据。

(5)磁盘双工

磁盘双工较磁盘镜像不同之处是增加了一个磁盘控制器，防止唯一的磁盘控制器发生故障而影响系统运行，导致数据丢失。两个磁盘控制器分别连接主盘和镜像盘，当其中一个控制器发生故障时，系统可利用另一个驱动器操作数据。

(6)磁盘冗余阵列(RAID)

磁盘冗余阵列旨在通过提供一个廉价和冗余的磁盘系统来彻底改变计算机管理和存取大容量存储器中数据的方式，故又称为廉价磁盘冗余阵列。RAID是由磁盘控制器和多个磁盘驱动器组成的队列，由磁盘控制器控制和协调多个磁盘驱动器的读写操作。

RAID通过条带化存储和奇偶校验两项措施来实现其冗余和容错的目标。

①条带化存储。条带化存储是指以一次写入一个数据块的方式将文件分开写入多个磁盘，从而提高数据传输速率并缩短磁盘处理的总时间。该系统适用于交易处理，但可靠性较差，等同于最差的单个驱动器的可靠性。

②奇偶校验。奇偶校验通过在传输后对所有数据进行冗余校验可以确保数据的有效性。利用奇偶校验，当RAID系统的一个磁盘发生故障时，其他磁盘能够重建该故障磁盘。在这两种情况中，这些功能对于操作系统都是透明的。由磁盘阵列控制器(DAC)进行条带化存储和奇偶校

验控制。

RAID包括从RAID－0至RAID－6的七种基本级别，其中最常用的等级为RAID－0、RAID－2和RAID－5。不同的RAID级别代表不同的存储性能、数据安全性和存储成本。

(四)检测数据完整性的工具

检测数据完整性的工具主要有以下几种。

(1)Tripwire工具。Tripwire工具是通过监视重要的文件和目录是否发生改变而检测数据完整性是否受到破坏。

(2)COPS(Computer Oracleand Password System)工具。COPS是一个能支持UNIX平台的工具集，利用循环冗余校验(CRC)监视系统文件是否发生改变。

(3)TAMU工具。TAMU是一个脚本集，通过一个操作系统的特征码数据库来判断系统文件是否被修改。当操作系统升级和修补之后，TAMU需要升级自己的特征码数据库。

(4)AIP工具。ATP利用一个独一无二的特征完成检测，即使用32位CRC和MD校验系统文件，当检测到系统文件被修改，则会自动把这个文件的所有权改为root。

(5)Hobgoblin工具。Hobgoblin使用一个模板来检验文件系统。Hobgoblin通过对比系统文件和自己的数据库来判断系统文件是否被修改。

二、数据保密性

(一)文件加密

文件加密是对网络系统存储的数据进行加密，以保障数据的存储安全，主要通过以下解决方案来实现。

1. 应用加密

应用加密可通过两种方式完成。

(1)在用户层编写应用程序，根据自身需求选定加密算法，设置特定的文件格式,将需要保护的数据加密后保存在此格式的文件中。该方法常用且易行,如 PGP 软件。

(2)在应用软件中加入插件,在保存文档时把数据加密后再保存,在打开文档时输入密码进行解密,如 Word、WinRAR 等应用软件。由于该方法是在用户端编程,故实现过程简单,使用灵活,可以与应用程序紧密结合,但是对所保护的文件或数据的读写严重依赖此应用程序,不具有通用性。[①]

2. 磁盘加密

磁盘加密是使用硬件对整个磁盘进行加解密处理,也可将磁盘加密功能集成入磁盘设备中。磁盘加密后,能自动对写入硬盘的所有用户数据进行加密,并在读取时解密,如全磁盘加密技术(Full Disk Encryption,FDE),FDE 独立于操作系统,对操作系统透明,支持该功能的固件还可开启和关闭 FDE,改变主密码和用户密码,或将密钥存储到另一个位置。

3. 文件过滤驱动加密

所谓文件过滤驱动加密,是指操作系统在输入/输出(I/O)管理器与各文件系统之间插入一个文件过滤驱动程序(File Filter Driver,FFD),当 FFD 绑定到指定的文件系统之后就可以拦截通过此文件系统的,对文件及高速缓存的非法打开、关闭及读写等操作。因此,通过该加密方法即可对指定的文件或文件夹进行加密、解密或其他操作,从而达到系统文件安全存储的目的。

文件过滤驱动程序在通过用户验证后,对所有的应用程序进行透明调用、读写加密文件,而不需要对原有的应用软件作任何改动;若未通过用户验证,则文件以乱码形式呈现,或被禁止读取,或查不到文件,因此,即便是黑客成功入侵服务器,也只能得到加密后的密文。特别是当多个网络用户共享服务器上的文件资源时,只需在终端客户机上安装此文件过滤驱动加密系统,就可以在客户机本地输入密码或密钥,进行身份认

① 梁锦叶.网络组建与维护(第5版)[M].重庆:重庆大学出版社,2020.

证,通过后透明地执行、读写服务器上的文件。

4. 加密文件系统

加密文件系统(EFS)用于在NTFS文件系统对文件进行加密。一旦加密文件或文件夹,则每个文件或文件夹都会有一个唯一的加密密钥对其保护,从而确保非法用户无权访问该加密文件。授权用户对其所加密的文件是透明的,即不必在使用前手动解密便可正常打开和更改文件,也可进行复制或移动等操作。当授权用户尝试打开该文件时,系统会自动在内存中对其进行解密,并且将每个加密的数据块传送到请求应用程序中。

(二)通信加密

1. 端到端加密

端到端加密是为数据从一端传送到另一端提供的加密方式,数据在发送端被加密。在数据传输的整个过程中,报文都是以密文方式传输,到达目的节点后方可解密。

信息是由报头和报文组成,需传送的信息于报文中,报头则为路由选择信息。由于通道上的每一个中间节点为将报文传送到目的地,必须查看路由选择信息,因此,在端到端加密时只能加密报文,而不能加密报头。这样就容易被某些通信分析发觉,从中获取某些敏感信息。端到端加密方式仅在发送端和目的端设置加密、解密设备,只加密传输层的数据,而在中间任何节点报文均不解密。每对用户之间都存在一条虚拟的保密信道,每对用户共享密钥,所需的密钥总数等于用户对的数目。

2. 链路加密

链路加密又称在线加密,是仅在数据链路层加密传输数据,所有消息在被传输之前进行加密。通信链路上的各节点对接收到的消息完成解密,然后使用下一个链路的密钥对消息进行再加密,并继续传输,直至到达目的地,故每个节点都必须设置密码装置。

由于在每一个中间传输节点消息均被解密后再加密,因此,包括路由信息在内的所有数据均以密文形式出现,链路加密则掩盖了被传输消息的源点与终点。然而为保证每一个节点的安全性需要较高的费用，为每一个节点提供加密硬件设备和一个安全的物理环境所需要的费用由几部分组成：保护节点物理安全的雇员开销，为确保安全策略和程序的正确执行而进行审计时的费用以及为防止安全性被破坏时带来损失而参加保险的费用。链路加密方式不管用户多少，每条物理链路上可使用一种密钥。

3. 节点加密

节点加密方法能给网络数据提供较高的安全性，与链路加密类似，也是在各节点处设置一个与节点机相连的密码装置，消息在被传输之前加密，而密文在各节点的密码装置中被解密后再被重新加密，直至目的地。

与链路加密的不同之处在于节点加密不允许消息在网络节点以明文形式存在，当节点解密到消息后再采用另一个不同的密钥进行加密，这一过程是在节点上的一个安全模块中进行。节点加密要求报头和路由信息以明文形式传输，以便中间节点能得到如何处理消息的信息，但明文不通过节点机，避免了链路加密关节点处易受攻击的缺点。

(三)数据通信安全技术

在网络中传输的数据若不加以有效保护通常会存在较大的安全威胁，如中断数据传输、破坏网络传输数据、截获数据信息等，从而造成数据的损坏或泄露。因此，首先，应明确数据传输安全的需求；其次，采取相应的保密措施以保障数据链路层及物理层、应用层、网络层等各层上传输数据的安全。

1. 确定数据传输安全需求

为了确定数据传输的安全需求，应按以下步骤执行。

(1)分析业务需求和技术需求。了解并分析企业对数据安全传输的特殊需求，如在公网上传输客户信息必须进行加密。

(2)确定需要保护的网络传输数据。并非所有数据传输均要求相同的安全级别，因此，应确定哪些类型的网络数据传输必须得到保护、所需要的安全级别及使用何种网络来传输数据等。

(3)明确操作系统需求及应用程序的兼容性。确定保护数据方法时应考虑操作系统或应用程序可能支持不同的数据传输协议。

(4)确定数据传输安全措施。采取的数据传输安全措施应考虑性价比和能否提供企业所需的安全级别。

(5)明确加密需求和相关约束。应确定使用何种加密算法,并考虑该算法使用的政府或行业标准等因素。

2.数据链路层及物理层通信安全

为防止数据链路层及物理层的数据受到攻击者的威胁,应采取以下措施。

(1)要求在交换机上进行端口身份验证。通过使用端口身份验证来阻止未授权的设备连接网络。

(2)用交换机代替集线器。利用"主动型"交换机代替"被动型"集线器以防止攻击者嗅探到网络数据包。

(3)严格限制对敏感区域的访问。唯有授权人员方可访问放置网络设备和通信线路的物理区域(如配电间或数据中心等),以防止攻击者直接连接网络或破坏设备。

(4)禁止公共区域访问局域网。禁止或严格限制从公共区域访问局域网以阻止攻击者对局域网的直接访问。

3.应用层通信安全

应用层上的协议提供了多种安全服务和安全级别,常见的协议如下:

(1)SSL 或 TLS。安全套接层协议(Secure Socket Layer,SSL)和传输层安全协议(Transport Layer Security,TLS)对于传输控制协议(Transmission Control Protocol,TCP)的通信使用公钥和对称密钥加密,二者均能提供会话加密、完整性和服务器端身份验证,避免客户端和服务器之间的通信被窃听、篡改或消息伪造。

(2)SMB 签名。服务器消息块(Server Message Block,SMB)签名为文件和打印服务提供 SMB 主机的双向身份验证,以及为 SMB 主机间交换的 SMB 消息提供数据完整性,但可能会影响繁忙的服务器的性能。

(3)S/MIME。安全多用途 Internet 邮件扩展协议(Secure

Multipurpose Internet Mail Extensions，S/MIME)用于交换经过数字签名或加密的电子邮件消息。该协议通过数据加密和明确消息的原始性及完整性来保护电子邮件免于被拦截或伪造。

(4)802.1x。使用基于端口的身份验证来为以太网提供网络访问验证，若身份验证失败，则禁止对该端口的访问。

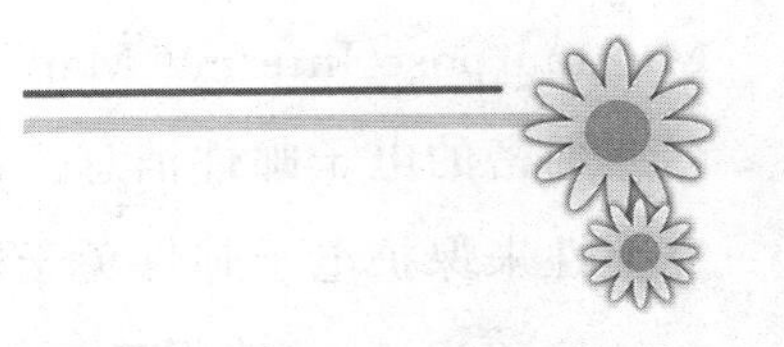

第三章 计算机网络的安全协议与标准

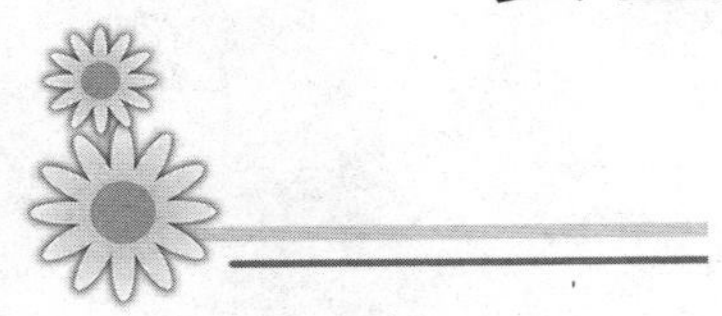

第一节 协议与安全协议

一、协议的概述

协议二字，在法律范畴是指两个或两个以上实体为了开展某项活动，经过协商后，双方达成的一致意见。可以认为是多个实体共同认可的一种规范。

二、安全协议

在计算机环境中也存在许多协议，其中有很多是安全协议。安全协议，有时也称作密码协议，是以密码学为基础的消息交换协议，其目的是在网络环境中提供各种安全服务。密码学是网络安全的基础，但网络安全不能单纯依靠安全的密码算法。安全协议是网络安全的一个重要组成部分，我们需要通过安全协议进行实体之间的认证，在实体之间安全的分配密钥或其他各种秘密，确认发送和接收的消息的非否认性等。

安全协议是建立在密码体制基础上的一种交互通信协议，它运用密码算法和协议逻辑来实现认证和密钥分配等目标。

早期的 Internet 是建立在可信用户基础上的，随着 Internet 的发展，电子商务已经逐渐成为人们进行商务活动的新模式。越来越多的人通过 Internet 进行商务活动。电子商务的发展前景十分诱人，而其安全问题也变得越来越突出，如何建立一个安全、便捷的电子商务应用环境，对信息提供足够的保护，已经成为商家和用户都十分关注的话题。

（一）安全协议的内涵

安全协议，本质上是关于某种应用的一系列规定，包括功能、参数、格式、模式等，通信各方只有共同遵守协议，才能互相操作。

在信息网络中，可以在 ISO 七层协议中的任何一层采取安全措施。大部分安全措施都采用特定的协议来实现，如在网络层加密和认证采用 IPSec 协议，在传输层加密和认证采用 SSL 协议等。[①]

（二）TCP/IP 协议的内涵

在当代互联网中，TCP/IP 协议使用极为广泛，在 TCP/IP 协议中，TCP 连接/关闭过程是一个经典的例子，下面介绍 TCP/IP 协议的连接/关闭过程。

1. 建立连接协议（三次握手）

（1）客户端发送一个带 SYN 标志的 TCP 报文到服务器，即三次握手过程中的报文段 1。

（2）服务器端回应客户端，这是三次握手中的第 2 个报文，这个报文同时带 ACK 标志和 SYN 标志。因此，它表示对刚才客户端 SYN 报文的回应，同时又标志 SYN 给客户端，询问客户端是否准备好进行数据通信。

（3）客户必须再次回应服务端一个 ACK 报文，这是报文段 3。

2. 连接终止协议（四次握手）

由于 TCP 连接是全双工的，因此，每个方向都必须单独进行关闭。原则是当一方完成它的数据发送任务后，就能发送一个 FIN 来终止这个

① 秦科. 网络安全协议[M]. 成都：电子科技大学出版社，2019.

方向的连接。收到一个 FIN 只意味着这一方向上没有数据流动，一个 TCP 连接在收到一个 FIN 后，仍能发送数据。首先进行关闭的一方将执行主动关闭，而另一方执行被动关闭。整个过程如下：

（1）TCP 客户端发送一个 FIN，用来关闭客户到服务器的数据传送（报文段 4）。

（2）服务器收到这个 FIN，它发回一个 ACK，确认序号为收到的序号加 1（报文段 5）。和 SYN 一样，一个 FIN 将占用一个序号。

（3）服务器关闭客户端的连接，发送一个 FIN 给客户端（报文段 6）。

（4）客户端发回 ACK 报文确认，并将确认序号设置为收到序号加 1（报文段 7）。

3. 各个字段的含义

（1）CLOSED：表示初始状态为关闭。

（2）LISTEN：表示服务器端的某个 Socket 处于监听状态，可以接受连接了。

（3）SYN_RCVD：表示接收到了 SYN 报文，在正常情况下，这个状态是服务器端的 Socket 在建立 TCP 连接时的三次握手会话过程中的一个中间状态，很短暂，基本上用 Netstat 是很难看到这种状态的，除非你特意写了一个客户端测试程序，故意将三次 TCP 握手过程中最后一个 ACK 报文不予发送。因此，当处于这种状态时，当收到客户端的 ACK 报文后，它会进入 ESTABLISHED 状态。

（4）SYN_SENT：这个状态与 SYN_RCVD 相呼应，当客户端 Socket 执行 CONNECT 连接时，它首先发送 SYN 报文，因此，也随即会进入 SYN_SENT 状态，并等待服务端的发送三次握手中的第 2 个报文。SYN_SENT 状态表示客户端已发送 SYN 报文。

（5）ESTABLISHED：这个容易理解，表示连接已经建立了。

（6）FIN_WAIT_1：FIN_WAIT_1 和 FIN_WAIT_2 状态的真正含义都是表示等待对方的 FIN 报文。这两种状态的区别是，FIN_WAIT_1 状态实际上是当 Socket 在 ESTABLISHED 状态时，它想主动关闭连接，向对方发送了 FIN 报文,此时,该 Socket 即进入 FIN_WAIT_1 状态,而当对方回应 ACK 报文后,则进入 FIN_WAIT_2 状态,当然,在实际的正常情况下,无论对方在何种情况下,都应该马上回应 ACK 报文,所以,FIN_WAIT_1 状态一般是比较难见到的,而 FIN_WAIT_2 状态常常可以用 Netstat 看到。

(7)FIN_WAIT_2:上面已经详细解释了这种状态,实际上,FIN_WAIT_2 状态下的 Socket 表示半连接,也即有一方要求 Close 连接,但另外还告诉对方,暂时还有数据需要传送给你,稍后再关闭连接。

(8)TIME_WAIT:表示收到了对方的 FIN 报文,并发送出了 ACK 报文,就等 2MSL 后即可回到 CLOSED 可用状态了。如果 FIN_WAIT_1 状态下收到对方同时带 FIN 标志和 ACK 标志的报文,可直接进入 TIME_WAIT 状态,而无须经过 FIN_WAIT_2 状态。

(9)CLOSING:这种状态比较特殊,实际情况中应该是很少见的,属于一种比较罕见的例外状态。正常情况下,当发送 FIN 报文后,按理来说,是应该先收到(或同时收到)对方的 ACK 报文,再收到对方的 FIN 报文。但是,CLOSING 状态表示发送 FIN 报文后,并没有收到对方的 ACK 报文,反而却收到了对方的 FIN 报文。什么情况下会出现此种情况呢?其实,细想一下,也不难得出结论,那就是如果双方几乎在同时 Close 一个 Socket 的话,那么就会出现双方同时发送 FIN 报文的情况,也会出现 CLOSING 状态,表示双方都正在关闭 Socket 连接。

(10)CLOSE_WAIT:这种状态的含义,其实是表示在等待关闭。当对方 Close 一个 Socket 后,发送 FIN 报文给自己,你的系统毫无疑问地会回应一个 ACK 报文给对方,此时,则进入 CLOSE_WAIT 状态。接下来呢,实际上,你真正需要考虑的事情是查看你是否还有数据发送给对方,如果没有的话,那么,你也就可以 Close 这个 Socket,发送 FIN 报文给对方,也即关闭连接。所以,你在 CLOSE_WAIT 状态下,需要完成的事情是等待你去关闭连接。

(11)LAST_ACK:这个状态还是比较容易理解的,它是被动关闭一方在发送 FIN 报文后，最后等待对方的 ACK 报文。收到 ACK 报文后，即可进入 CLOSED 可用状态了。

第二节 常见的网络安全协议

一、网络认证协议 Kerberos

Kerberos 这一名词来源于希腊神话“三个头的狗——地狱之门守护者”。Kerberos 是一种网络认证协议，其设计目标是通过密钥系统为客户机/服务器应用程序提供强大的认证服务。该认证过程的实现，不依赖主机操作系统的认证，无需基于主机地址的信任，不要求网络上所有主机的物理安全，并假定网络上传送的数据包可以被任意地读取、修改和插入数据。在以上情况下，Kerberos 作为一种可信任的第三方认证服务，是通过传统的密码技术（如共享密钥）执行认证服务的。

认证过程具体有：客户机向认证服务器（AS）发送请求，要求得到某服务器的证书，然后，AS 的响应包含这些用客户端密钥加密的证书。

证书的构成：服务器 Ticket；一个临时加密密钥（又称为会话密钥，Session Key）。

客户机将 Ticket（包括用服务器密钥加密的客户机身份和一份会话密钥的拷贝）传送到服务器上。会话密钥（现已经由客户机和服务器共享）可以用来认证客户机或认证服务器，也可用来为通信双方以后的通信提供加密服务，或通过交换独立子会话密钥，为通信双方提供进一步的通信加密服务。

上述认证交换过程需要以只读方式访问 Kerberos 数据库。但有时，数据库中的记录必须进行修改，如添加新的规则或改变规则密钥时，修改过程通过客户机和第三方 Kerberos 服务器（Kerberos 管理器 KADM）间的协议完成。另外，也有一种协议用于维护多份 Kerberos 数据库的拷贝，这可以认为是执行过程中的细节问题，并且会不断改变，以适应各种不同的数据库技术。

Kerberos 又指麻省理工学院为这个协议开发的一套计算机网络安全系统。该系统设计上采用客户端/服务器结构与 DES 加密技术，并且能够进行相互认证，即客户端和服务器端均可对对方进行身份认证。可以用于防止窃听、防止 Replay 攻击、保护数据完整性等场合，是一种应用对称密钥体制进行密钥管理的系统。Kerberos 的扩展产品也使用公开密钥加密方法进行认证。

二、安全外壳协议 SSH

SSH 是 Secure Shell 的缩写，是由 IETF 的网络工作小组制定的，SSH 是建立在应用层和传输层基础上的安全协议。SSH 是较可靠、专为远程登录会话和其他网络服务提供安全性的协议。利用 SSH 协议，可以有效地防止远程管理过程中的信息泄露问题。SSH 最初是 UNIX 系统上的一个程序，后来迅速扩展到其他操作平台。SSH 在正确使用时可弥补网络中的漏洞。

SSH 客户端适用于多种平台。几乎所有 UNIX 平台，包括 HP-UX、Linux、AIX、Solaris、Digital UNIX、Irix，以及其他平台，都可运行 SSH。

在实际工作中，SSH 协议通常是替代 Telnet 协议、RSH 协议来使用的。SSH 协议类似于 Telnet 协议，它允许客户机通过网络连接到远程服务器，并运行该服务器上的应用程序，被广泛用于系统管理中。

该协议可以加密客户机和服务器之间的数据流，这样可以避免 Telnet 协议中口令被窃听的问题。该协议还支持多种不同的认证方式，以及用于加密（包括 FTP 数据外）的多种情况。①

从客户端来看，SSH 提供两种级别的安全验证。

（一）第一种级别（基于口令的安全验证）

只要用户知道自己的账号和口令，就可以登录远程主机。所有传输

① 秦科．网络安全协议[M]．成都：电子科技大学出版社，2019．

的数据都会被加密,但是不能保证正在连接的服务器就是其想连接的服务器,可能会有别的服务器在冒充真正的服务器,也就是受到"中间人"这种方式的攻击。

(二)第二种级别(基于密钥的安全验证)

这种安全级别需要依靠密钥,也就是用户必须为自己创建一对密钥,并把公用密钥放在需要访问的服务器上。如果用户要连接到 SSH 服务器,客户端软件就会向服务器发出请求,请求用密钥进行安全验证。服务器收到请求之后,先在该服务器上用户的主目录下寻找用户的公用密钥,然后把它与用户发送过来的公用密钥进行比较。如果两个密钥一致,服务器就用公用密钥加密质询,并把它发送给客户端软件。客户端软件收到质询后,就可以用用户的私人密钥解密,再把它发送给服务器。

用这种方式,用户必须知道自己密钥的口令。但是与第一种级别相比,第二种级别不需要在网络上传送口令。

第二种级别不仅加密所有传送的数据,而且"中间人"这种攻击方式也是不可能的(因为他没有用户的私人密钥)。但是,整个登录的过程可能需要 10 秒。

如果考察一下接入 ISP(Internet Service Provider,互联网服务供应商)或大学的方法,一般都是采用 Telnet 或 POP 邮件客户进程。因此,每当要进入自己的账号时,输入的密码将会以明码方式发送(即没有保护,直接可读),这就给攻击者一个盗用账号的机会。由于 SSH 的源代码是公开的,所以,在 UNIX 世界里,它获得了广泛的认可。Linux 连源代码也是公开的,大众可以免费获得,并同时获得类似的认可。这就使得所有开发者(或任何人)都可以通过补丁程序或 Bug 修补,来提高其性能,甚至还可以增加功能。开发者获得并安装 SSH,意味着其性能可以不断提高,而无须得到来自原始创作者的直接技术支持。SSH 替代了不安全的远程应用程序。通过使用 SSH,用户在不安全的网络中发送信息时,不必担心会被监听。用户也可以使用 POP 通道和 Telnet 方式,通过 SSH,可以利用 PPP 通道创建一个虚拟个人网络(Virtual Private Network,VPN)。SSH 也支持一些其他的身份认证方法,如 Kerberos 和安全 ID 卡等。

三、安全电子交易协议 SET

SET 协议(Secure Electronic Transaction)被称为安全电子交易协议,是 1997 年推出的一种新的电子支付模型。

SET 协议是 B2C 上基于信用卡支付模式而设计的,它保证了开放网络上使用信用卡进行在线购物的安全。SET 主要是为了解决用户、商家、银行之间通过信用卡的交易而设计的,它具有保证交易数据的完整性,交易的不可抵赖性等种种优点。

SET 是在一些早期协议(SEPP,VISA,STT)的基础上整合而成的,它定义了交易数据在持卡人、商家、发卡行、收单行之间的流通过程,以及支持这些交易的各种安全功能(数字签名、Hash 算法、加密等)。

(一)SET 支付体系的组成

(1)持卡人,指由发卡银行所发行的支付卡的授权持有者。

(2)商家,指出售商品或服务的个人或机构。商家必须与收单银行建立业务联系,以接受支付卡这种付款方式。

(3)发卡银行,指持卡人提供支付卡的金融机构。

(4)收单银行,指与商家建立业务联系的金融机构。

(5)支付网关,实现对支付信息从 Internet 到银行内部网络的转换,并对商家和持卡人进行认证。

(6)认证中心(CA),在基于 SET 协议的电子商务体系中起着重要作用。可以为持卡人、商家和支付网关签发 X.509V3 数字证书,让持卡人、商家和支付网关通过数字证书进行认证。

(二)SET 协议运行的目标

(1)保证信息在互联网上安全传输,防止数据被黑客或被内部人员窃取。

(2)保证电子商务参与者信息的相互隔离。客户的资料加密或打包后,通过商家到达银行,但商家不能看到客户的账户和密码信息。

(3)解决网上认证问题不仅要对消费者的银行卡认证,而且要对在线商店的信誉程度认证,同时还有消费者、在线商店与银行间的认证。

(4)保证网上交易的实时性,使所有的支付过程都是在线的。

(5)效仿 EDI 贸易的形式,规范协议和消息格式,促使不同厂家开发的软件既有兼容性和互操作功能,又可以运行在不同的硬件和操作系统上。

(三)SET 协议的工作流程

(1)消费者通过因特网选定所要购买的物品,并在计算机上输入订货单。订货单要包括在线商店、物品的名称及数量、交货时间及地点等相关信息。

(2)通过电子商务服务器与有关在线商店联系,在线商店做出应答,与消费者核对订货单,告诉消费者所填订货单相关信息是否准确、是否有变化。

(3)消费者选择付款方式,确认订单(与物品相关的信息),签发付款指令。此时 SET 开始介入。

(4)在 SET 中,消费者必须对订单和付款指令进行数字签名。

(5)在线商店接受订单后,向消费者所在银行请求支付认可。信息通过支付网关到收单银行,再到电子货币发行公司确认。批准交易后,返回确认信息给在线商店。

(6)在线商店发送订单确认信息给消费者。消费者端的软件可记录交易日志,以备将来查询。

(7)在线商店发送货物或提供服务。通知收单银行将钱从消费者的账号转移到商店账号,或通知发卡银行请求支付。

为进一步加强安全,SET 使用两组密钥,分别用于加密和签名。SET 不希望商家得到顾客的账户信息,同时,也不希望银行了解交易内容,但又要求能对每一笔单独的交易进行授权。SET 通过双签名机制,将订购信息和账户信息链在一起签名,巧妙地解决了这一矛盾。

尽管 SET 协议优点很多，但也存在不足之处：①它是目前最为复杂的保密协议之一，整个规范有 3000 行以上的 ASN.1 语法定义，交易处理步骤很多，在不同实现方式之间的互操作性也是一大问题；②每个交易涉及六次 RSA 操作，处理速度很慢。

四、安全套接层协议 SSL

安全套接层（SSL）及其继任者传输层安全（TLS），是为网络通信提供安全及数据完整性的一种安全协议。TLS 和 SSL 在传输层对网络连接进行加密。现在主要用于 Web 通信安全、电子商务，还被用在对 SMTP、POP3、Telnet 等应用服务的安全保障上。

SSL 被设计成使用 TCP 来提供一种可靠的端到端的安全服务。SSL 握手协议、SSL 更改密码规程协议，SSL 报警协议位于上层，SSL 记录协议为不同的更高层提供了基本的安全服务，HTTP 可以在 SSL 上运行。

SSL 中有两个重要的概念：SSL 连接和 SSL 会话。

SSL 连接：连接时，提供恰当类型服务的传输。SSL 连接是点对点的关系，每一个连接与一个会话相联系。

SSL 会话：SSL 会话是客户和服务器之间的关联，会话通过握手协议来创建，可以用来避免为每个连接进行昂贵的安全参数的协商。

当前几乎所有浏览器都支持 SSL，但是，支持的版本有所不同。

SSL 协议由协商过程和通信过程组成，协商过程用于确定加密机制、加密算法、交换会话密钥服务器认证，以及可选的客户端认证，而通信过程秘密传送上层数据。

SSL 协议的通信过程通过以下三个元素来完成。

（1）握手协议。这个协议负责被用于客户机和服务器之间会话的加密参数。当一个 SSL 客户机和服务器第一次开始通信时，它们在一个协议版本上达成一致，选择加密算法和认证方式，并使用公钥技术来生成共享密钥。

(2)记录协议。这个协议用于交换应用数据。应用程序消息被分割成可管理的数据块,还可以压缩,并产生一个MAC(消息认证代码),然后结果被加密并传输,接收方接收数据并对它解密,校验MAC,解压并重新组合,把结果提供给应用程序协议。[①]

(3)警告协议。这个协议用于指示在什么时候发生了错误,或两个主机之间的会话在什么时候终止。

五、网络层安全协议 IPSec

IPSec 由 IETF 制定,面向 TCMP,它为 IPv4 和 IPv6 协议提供基于加密安全的协议。

IPSec 的目的就是要有效地保护 IP 数据包的安全。它提供了一种标准的、强大的以及包容广泛的机制,为 IP 及上层协议提供安全保证;并定义了一套默认的、强制实施的算法,以确保不同的实施方案相互间可以共通,且便于扩展。

IPSec 可保障主机之间、安全网关之间或主机与安全网关之间的数据包安全。由于受 IPSec 保护的数据包本身只是另一种形式的 IP 包,所以,完全可以嵌套提供安全服务。同时,在主机间提供端到端的验证,并通过一个安全通道,将那些受 IPSec 保护的数据传送出去。

IPSec 是一个工业标准网络安全协议,它有以下两个基本目标:保护 IP 数据包安全和为抵御网络攻击提供防护措施。

这两个目标都是通过使用基于加密的保护服务、安全协议与动态密钥管理来实现的。这个基础为专用网络计算机、区域、站点、远程站点、Extranet 和拨号用户之间的通信提供了灵活有力的保护,它甚至可以用来阻碍特定通信类型的接收和发送。其中,以接收和发送最为重要。

IPSec 结合密码保护服务、安全协议组和动态密钥管理,三者共同实现这两个目标。

① 姚烨.计算机网络协议分析与实践[M].北京:电子工业出版社,2021.

IPSec保护数据主要有以下三种形式。

(1)认证。通过认证,可以确定所接收的数据与所发送的数据是否一致,同时,可以确定申请发送者在实际上是真实的还是伪装的。

(2)数据完整验证。通过验证,保证数据在从原发地到目的地的传送过程中,没有发生任何无法检测的丢失与改变。

(3)保密。使相应的接收者能获取发送的真正内容,而无关的接收者无法获知数据的真正内容。

RFC2401给出了IPSec的基本结构定义,并为所有具体的实施方案建立了基础。它定义了IPSec提供的安全服务,并说明了它们如何使用、在哪里使用,数据包如何构建及处理,以及IPSec处理不同策略之间如何协调等问题。

IPSec协议既可用来保护一个完整的IP载荷,亦可用来保护某个IP载荷的上层协议。这两方面的保护分别由IPSec两种不同的“模式”来提供,即传送模式和通道模式。

传送模式用来保护上层协议,而通道模式用来保护整个IP数据报。

封装安全载荷(Encapsulating Security Payload,ESP)是基于IPSec的一种协议,可用于确保IP数据包的机密性、完整性以及对数据源的身份验证,此外,它也负责抵抗重播攻击。

具体做法是在IP头之后,在要保护的数据之前,插入一个新头,即ESP头。受保护的数据可以是一个上层协议,也可以是整个IP数据包。然后,还要在最后追加一个ESP尾。

ESP是一种新的IP协议,对ESP数据包的标识是通过IP头的协议字段来进行的。假如它的值为50,就表明这是一个ESP包,而紧接在IP头后面的是一个ESP头。

由于ESP同时提供了机密性和身份验证机制,所以,在其SA中,必须同时定义两套用来确保机密性的算法称为加密器,而负责身份验证的算法称为验证器。每个ESP的SA都至少有一个加密器和解密器。

ESP既有头,也有尾,头和尾之间封装了要保护的数据。

与ESP类似，AH也提供了数据完整性、数据源验证以及抗重复攻击的能力，但不能以此保证数据的机密性。因此，AH头比ESP简单得多，它只有一个头，而非头、尾皆有。除此之外，AH头内的所有字段都是一目了然的。

AH的验证范围与ESP有区别：AH验证的是IPSec包的外层IP头。AH文件还定义了AH头的格式、采用传送模式或通道模式时头的位置等相关信息。

Internet密钥交换（IKE）：IKE唯一的用途就是在IPSec通信双方之间建立起共享安全参数及验证过的密钥。

IKE通信可分几步进行：①进行某种形式的协商；②Diffie-Hellman交换以及共享秘密的建立；③对Diffie-Hellman共享秘密和IKESA本身进行验证。

IKE定义了五种验证方法：①预共享密钥；②数字签名（使用数字签名标准，即DSS）；③数字签名（使用RSA公共密钥算法）；④用RSA进行加密的Nonce交换；⑤用加密Nonce进行的一种“校订”验证方法。其中，Nonce是一种随机数字。

IPsec与IKE的关系：①IKE是UDP之上的一个应用层协议，是IPsec的信令协议；②IKE为IPsec协商建立SA，并把建立的参数及生成的密钥交给IPsec；③IPsec使用IKE建立的SA对IP报文加密或认证处理。

第三节　网络安全标准和规范

一、TCSEC

TCSEC标准是计算机系统安全评估的第一个正式标准，具有划时代的意义。该准则于1970年由美国国防科学委员会提出，并于1985年由美国国防部公布。TCSEC最初只有军用标准，后来延伸至民用领域。

TCSEC 将计算机系统的安全划分为四个等级、七个级别。

(一)D 类安全等级

D 类安全等级只包括 D1 一个级别。D1 的安全等级最低。D1 系统只为文件和用户提供安全保护。D1 系统最普通的形式是本地操作系统，或者是一个完全没有保护的网络。

(二)C 类安全等级

该类安全等级能够提供审慎地保护，并为用户的行动和责任提供审计能力。C 类安全等级可划分为 C1 和 C2 两类。C1 系统的可信任运算基础体制（Trusted Computing Base，TCB）通过将用户和数据分开，来达到安全的目的。在 C1 系统中，所有的用户以同样的灵敏度来处理数据，即用户认为 C1 系统中的所有文档都具有相同的机密性。C2 系统比 C1 系统加强了可调的审慎控制。在连接到网络上时，C2 系统的用户分别对各自的行为负责。C2 系统通过登录过程、安全事件和资源隔离来增强这种控制。C2 系统具有 C1 系统中所有的安全性特征。

(三)B 类安全等级

B 类安全等级可分为 B1、B2 和 B3 三类。B 类系统具有强制性保护功能。强制性保护意味着如果用户没有与安全等级相连，系统就不会让用户存取对象。①

1. B1 系统满足下列要求

一是系统对网络控制下的每个对象都进行灵敏度标记；二是系统使用灵敏度标记作为所有强迫访问控制的基础；三是系统在把导入的、非标记的对象放入系统前标记它们；四是灵敏度标记必须准确地表示其所联系的对象的安全级别；五是当系统管理员创建系统或者增加新的通信通道或 I/O 设备时，管理员必须指定每个通信通道和 I/O 设备是单级还是多级，并且管理员只能手工改变指定；六是单级设备并不保持传输信息的灵敏度级别；七是所有直接面向用户位置的输出（无论是虚拟的还是物理

① 姚烨.计算机网络协议分析与实践[M].北京：电子工业出版社，2021.

的)都必须产生标记来指示关于输出对象的灵敏度;八是系统必须使用用户的口令或证明来决定用户的安全访问级别;九是系统必须通过审计来记录未授权访问的企图。

2. B2 系统必须满足 B1 系统的所有要求

另外,B2 系统的管理员必须使用一个明确的、文档化的安全策略模式作为系统的可信任运算基础体制。B2 系统必须满足的要求有:一是系统必须立即通知系统中的每一个用户所有与之相关的网络连接的改变;二是只有用户能够在可信任通信路径中进行初始化通信;三是可信任运算基础体制能够支持独立的操作者和管理员。

3. B3 系统必须符合 B2 系统的所有安全需求

B3 系统具有很强的监视委托管理访问能力和抗干扰能力。B3 系统必须设有安全管理员。B3 系统应满足的要求有:一是除了控制对个别对象的访问外,B3 必须产生一个可读的安全列表;二是每个被命名的对象提供对该对象没有访问权的用户列表说明;三是 B3 系统在进行任何操作前,要求用户进行身份验证;四是 B3 系统验证每个用户,同时,还会发送一个取消访问的审计跟踪消息;五是设计者必须正确区分可信任的通信路径和其他路径;六是可信任的通信基础体制为每一个被命名的对象建立安全审计跟踪;七是可信任的运算基础体制支持独立的安全管理。

(四)A 类安全等级

A 系统的安全级别最高。目前,A 类安全等级只包含 A1 一个安全类别。A1 类与 B3 类相似,对系统的结构和策略不做特别要求。A1 系统的显著特征是:系统的设计者必须按照一个正式的设计规范来分析系统。对系统分析后,设计者必须运用核对技术来确保系统符合设计规范。A1 系统必须满足的要求有:一是系统管理员必须从开发者那里接收到一个安全策略的正式模型;二是所有的安装操作都必须由系统管理员进行;三是系统管理员进行的每一步安装操作都必须有正式文档。

在信息安全保障阶段,欧洲四国(英国、法国、德国、荷兰)提出了评价满足保密性、完整性、可用性要求的信息技术安全评价准则(Information

Technology Security Evaluation Criteria,ITSEC)后,美国又联合以上诸国和加拿大,并会同国际标准化组织(OSI)共同提出了信息技术安全评价的通用准则(Common Criteria for Information Technology security Evaluation,CC),CC已经被五个技术发达的国家承认为代替TCSEC的评价安全信息系统的标准。

二、ISO 15408(CC)

ISO于1999年正式发布了ISO/IEC 15408。ISO/IECJTC1和Common Criteria Project Organizations共同制定了此标准,此标准等同于Common Criteriav 2.1。ISO/IEC 15408有一个通用的标题—信息技术—安全技术—IT安全评估准则。此标准是国际标准化组织在现有多种评估准则的基础上统一形成的。该标准是在美国和欧洲等国分别自行推出并实践测评准则及标准的基础上,通过相互间的总结和互补发展起来的。

在TCSEC中的研究中心是TCB,而在ITSEC、CC和ISO/IEC 15408信息技术安全评估准则中讨论的是TOE(Target of Evaluation,评估对象)。ISO/IEC 15408评估准则中讨论的是TOE的安全功能(TOE Security Function,TSF),是安全的核心,类似TCSEC的TCB。TSF安全功能执行的是TOE的安全策略(TOE Security Policy,TSP)。TSP是由多个安全功能策略(Security Function Policies,SFPS)所组成,而每一个SFP是由安全功能(SF)实现的。实现TSF的机制与TCSEC的相同,即“引用监控器”和其他安全功能实现机制。

(一)ISO/IEC 15408(CC)的四大特征

(1)ISO/IEC 15408测评准则符合PDR模型。ISO/IEC 15408测评准则是与PDR模型和现代动态安全概念相符合的。强调安全需求的针对性。这种需求包括安全功能需求、安全认证需求和安全环境等。

(2)ISO/IEC 15408测评准则是面向整个信息产品生存期的,即面向安全需求、设计、实现、测试、管理和维护全过程,强调产品需求和开发阶段对产品安全的重要作用。同时明确了安全开发环境与操作环境的关系,重视产品开发和操作两个环境对安全的影响。

(3)ISO/IEC 15408测评准则不仅考虑了保密性,而且还考虑了完整性和可用性多方面的安全特性,它比TCSEC扩展了更多当代IT发展的安全技术功能,它的应用范围和适应性更强。ISO/IEC 15408测评准则全面定义了安全属性,即用户属性、客体属性、主体属性和信息属性。特别强调把用户属性和主体属性分开定义(在TCSEC中,主体包含用户),为了解决强制访问控制问题,在属性类型中定义了有序关系的安全属性。为了解决数据交换的安全问题,明确要求输出/输入划分为带安全属性和不带安全属性两种形式,强调了网络安全中抗抵赖的安全要求,区分用户数据和系统资源的防护,突出了必要的检测和监控安全要求,强调了安全管理的重要作用。对可信恢复和可信备份、操作重演都有安全要求,定义了加密支持的安全要求,考虑到用户的隐私的适当权利,讨论了某些故障、错误和异常的安全防护问题。

(4)ISO/IEC 15408测评准则有与之配套的安全测评方法(CEM)和信息安全标准(PP标准)测评工作不仅定性,而且定量,准则的规范性大幅提高,有较强的可操作性。为测评工作现代化和发展提供了基础。测评种类划分成安全防护结构(PP)、安全目标(ST)和认证级别(EAL)测评。

(二)CC的内容

(1)第一部分"简介和一般模型"。正文介绍了CC中的有关术语、基本概念和一般模型,以及与评估有关的一些框架,附录部分主要介绍了"保护轮廓"和"安全目标"的基本内容。

(2)第二部分"安全功能要求"。按"类—子类—组件"的方式提出安全功能要求,每一个类除正文外,还有对应的提示性附录,做进一步解释。

(3)第三部分"安全保证要求"。定义了评估保证级别,介绍了"保护轮廓"和"安全目标"的评估,并按"类—子类—组件"的方式提出安全保证要求。

(三)CC 各部分内容之间的关系

CC 的三个部分相互依存,缺一不可。

(1)第一部分介绍 CC 的基本概念和基本原理。

(2)第二部分提出了技术要求。

(3)第三部分提出了非技术要求和对开发过程、工程过程的要求。

三个部分有机地结合成一个整体。

这些关系具体体现在“保护轮廓”和“安全目标”中,“保护轮廓”和“安全目标”的概念和原理由第一部分介绍,“保护轮廓”和“安全目标”中的安全功能要求和安全保证要求在第二、三部分选取,这些安全要求的完备性和一致性,由第二、三两部分来保证。

(四)将 CC 与 TESEC 对比

通过对比,我们可以发现以下内容。

(1)CC 源于 TCSEC,但已经完全改进了 TCSEC。

(2)TCSEC 主要是针对操作系统的评估,提出的安全功能要求,目前仍然可以用于对操作系统的评估。

(3)随着信息技术的发展,CC 全面地考虑了与信息技术安全性有关的所有因素,以“安全功能要求”和“安全保证要求”的形式提出了这些因素,这些要求也可以用来构建 TCSEC 的各级要求。

(五)CC 中“类—子类—组件”的结构

CC 定义了作为评估信息技术产品和系统安全性的基础准则,提出了表述信息技术安全性的结构,安全要求=规范产品和系统安全行为的功能要求+解决如何正确有效地实施这些功能的保证要求。

功能和保证要求又以“类—子类—组件”的结构表述,组件作为安全要求的最小构件块,可以用于“保护轮廓”“安全目标”和“包”的构建,例如,由保证组件构成典型的包——“评估保证级”。

功能组件还是连接 CC 与传统安全机制和服务的桥梁,并可解决 CC 同已有准则如 TCSEC、ITSEC 的协调关系,如功能组件构成 TCSEC 的各级要求。

(六)CC的先进性

1. 结构的开放性

即功能和保证要求都可以在具体的“保护轮廓”和“安全目标”中进一步细化和扩展，如可以增加“备份和恢复”方面的功能要求或一些环境安全要求。这种开放式的结构更适应信息技术和信息安全技术的发展。

2. 表达方式的通用性

即给出通用的表达方式。如果用户、开发者、评估者、认可者等目标读者都使用CC的语言，互相之间就更容易理解和沟通。例如，用户使用CC的语言表述自己的安全需求，开发者就可以更具针对性地描述产品和系统的安全性，评估者也更容易有效地进行客观评估，并确保用户更容易理解评估结果。这种特点对规范实用方案的编写和安全性测试评估都具有重要意义。在经济全球化发展、全球信息化发展的趋势下，这种特点也是进行合格评定和评估结果国际互认的需要。

3. 结构和表达方式的内在完备性和实用性

这点体现在“保护轮廓”和“安全目标”的编制上。“保护轮廓”主要用于表达一类产品或系统的用户需求，在标准化体系中，可以作为安全技术类标准对待。内容主要包括：①对该类产品或系统的界定性描述，即确定需要保护的对象；②确定安全环境，即指明安全问题——需要保护的资产、已知的威胁、用户的组织安全策略；③产品或系统的安全目的，即对安全问题的相应对策——技术性和非技术性措施；④信息技术安全要求，包括功能要求、保证要求和环境安全要求，这些要求通过满足安全目的，进一步提出具体在技术上如何解决安全问题；⑤基本原理，指明安全要求对安全目的、安全目的对安全环境是充分且必要的。

另外，还有一些附加的补充说明信息：“保护轮廓”编制，一方面解决了技术与真实客观需求之间的内在完备性；另一方面，用户通过分析所需要的产品和系统面临的安全问题，明确所需的安全策略，进而确定应采取的安全措施，包括技术和管理上的措施，这样就有助于提高安全保护的针对性、有效性。

“安全目标”在“保护轮廓”的基础上，通过将安全要求进一步针对性地具体化，解决了要求的具体实现，常见的实用方案就可以当成“安全目标”来对待。通过“保护轮廓”和“安全目标”两种结构，就便于将CC的安全性要求具体应用到IT产品的开发、生产、测试、评估和信息系统的集成、运行、评估、管理中。①

CC作为评估信息技术产品和系统安全性的世界性通用准则，是信息技术安全性评估结果国际互认的基础。

三、BS7799

BS7799标准于1993年由英国贸易工业部立项，于1995年英国首次出版BS7799-1:1995《信息安全管理实施细则》，它提供了一套综合的、由信息安全最佳惯例组成的实施规则，其目的是作为确定工商业信息系统在大多数情况所需控制范围的参考基准，并且适用于大、中、小组织。

BS7799的总则要求各组织建立并运行一套经过验证的信息安全管理体系，用于解决问题，资产的保管、组织的风险管理、管理标的和管理办法、要求达到的安全程度。

建立管理框架、确立并验证管理目标和管理办法时，需采取如下步骤。

(1)定义信息安全策略。

(2)定义信息安全管理体系的范围，包括定义该组织的特征、地点、资产和技术等方面的特征。

(3)进行合理的风险评估，包括找出资产面临的威胁、弱点、对组织的冲击、风险的强弱程度等。

(4)根据组织的信息安全策略及所要求的安全程度，决定应加以管理的风险领域。

---

① 姚烨.计算机网络协议分析与实践[M].北京:电子工业出版社,2021.

(5)选出合理的管理标的和管理办法，并加以实施。选择方案时，应做到有法可依。

(6)准备可行性声明是指在声明中应对所选择的管理标的和管理办法加以验证，同时，对选择的理由进行验证。

(7)对上述步骤的合理性应按规定期限定期审核。

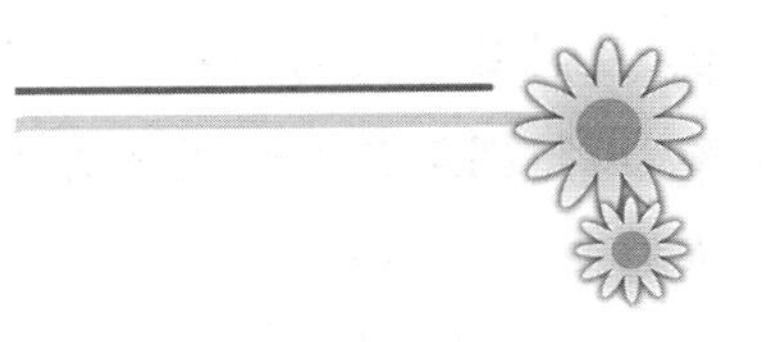

第四章　计算机网络安全的主要防护技术

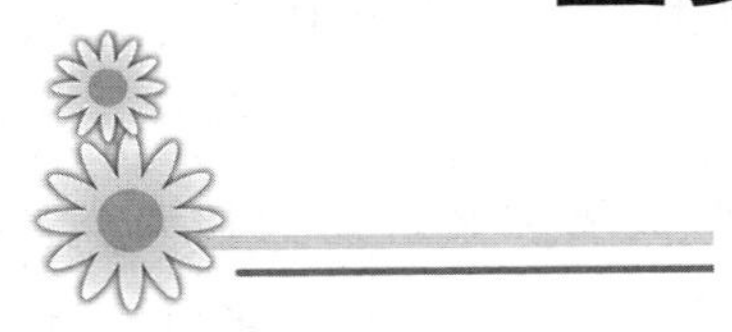

第一节　防火墙技术

随着互联网的日益普及，越来越多的企事业单位开始通过互联网发展业务和提供服务。然而，在互联网为企事业单位提供方便的同时，由于其自身的开放性，也带来了潜在的安全威胁。每当一种新的网络攻击手段出现，一周之内便可通过互联网传遍全世界。在不断扩大的计算机网络空间中，到处都有黑客的身影。

这些安全威胁极大地损害了人们对互联网的信心，从而影响互联网发挥更大的作用。因为互联网没有有效的安全保护，所以很多企事业单位放缓了将部分业务或服务转移到网上的步伐，极大地降低了工作效率。因此，如何为本组织的网络提供尽可能强大的安全防护就成为各企事业单位关注的焦点。在这种情况下，防火墙进入了人们的视野。

一、防火墙概述

(一)防火墙的概念

如果一个网络连接到互联网，其内部用户就可以访问外部世界并与之通信，同时，外部世界也可以访问该网络并与之交互。为保证系统安全,就需要在该网络和互联网之间设置一个中介系统,竖起一道安全屏障,以阻挡来自外部网络对本网络的威胁和入侵,这种中介系统被称为防火墙或防火墙系统。

防火墙是指设置在不同网络(如企业内部网和外部网)或网络安全域之间的一系列部件的组合,它是不同网络或网络安全域之间信息的唯一出入口。它能根据企业有关的安全策略控制(允许、拒绝、监视、记录)出入网络的访问行为,且其本身具有较强的抗攻击能力,是提供信息安全服务,实现网络和信息安全的基础设施。

从实现方式来看,防火墙可以分为硬件防火墙和软件防火墙两类。硬件防火墙是通过硬件和软件的结合来达到隔离内部网和外部网的目的;软件防火墙则通过纯软件的方式来实现。从逻辑上来看,防火墙是一个分离器,一个限制器,也是一个分析器,它能控制内部网和外部网之间的任何活动,保障内部网络的安全。

防火墙可以由计算机系统构成,也可以由路由器构成,所用的软件按照网络安全的级别和应用系统的安全要求,解决内部网和外部网之间的某些服务或信息流的隔离与连通问题。它可以是软件,也可以是硬件,也可以是二者的结合,提供过滤、监视、检查和控制流动信息的合法性。

防火墙可以在内部网和外部网间建立;可以在要害部门、敏感部门与公共网间建立;也可以在各个子网间设立,其关键区别在于隔离与连通的程度。但必须注意,当分离型子网过多采用不同防火墙技术时,所构成的网络系统很可能使原有网络互联的完整性受到损害。因此,隔离与连通是防火墙要解决的矛盾,突破与反突破的斗争会长期持续,在这种突破与修复中,防火墙技术得以不断发展完善。因此,防火墙的设计要求具有判断、折中和接受某些风险的功能。

(二)防火墙的特性

目前防火墙一般具有以下三个显著的特性。

(1)内部网和外部网之间的所有数据流都必须经过防火墙。这是防火墙所处网络位置的特性,同时也是一个前提。因为只有当防火墙是内部网和外部网之间通信的唯一通道时才可以全面、有效地保护企业内部网不受侵害。

美国国家安全局制定的信息保障技术框架提出防火墙适用于用户网络系统的边界，属于用户网络边界的安全保护设备。所谓网络边界，即采用不同安全策略的两个网络连接处，比如，用户网络和互联网之间连接，用户网络和其他业务往来单位的网络连接，用户内部网不同部门之间的连接等。防火墙的目的就是在网络连接之间建立一个安全控制点，通过允许、拒绝或重新定向经过防火墙的数据流，实现对进、出内部网的服务和访问的审计和控制。所有的内部网和外部网之间的通信都要经过防火墙。

(2)只有符合安全策略的数据流才能通过防火墙。防火墙最基本的功能是确保网络流的合法性，并在此前提下将网络的流量快速地从一条链路转发到另外的链路上去。例如，最早期的防火墙采用"双穴主机"模型，即防火墙系统具备两个网络接口，同时拥有两个网络层地址。防火墙将网络上的流量通过相应的网络接口接收上来，按照OSI协议的七层结构顺序上传，在适当的协议层进行访问规则实施和安全审查，然后将符合通过条件的报文从相应的网络接口送出，而对于那些不符合通过条件的报文则予以阻断。因此，从这个角度上来说，防火墙是一个类似于桥接或路由器的、多端口的转发设备，它跨接于多个分离的物理网段之间，并在报文转发过程之中完成对报文的审查工作。①

(3)防火墙自身应具有非常强的抗攻击免疫力。这是防火墙之所以能担当企业内部网安全防护重任的先决条件。防火墙处于网络边缘，它就像一个边界卫士一样，每时每刻都要面对黑客的入侵，这就要求防火墙自身要具有非常强的入侵防御能力。要提高防火墙的抗攻击能力，首先，防火墙使用的操作系统本身是关键，只有自身具有完整信任关系的操作系统才可以讨论防火墙系统的安全性。其次，防火墙自身具有非常低的

① 许振霞.计算机网络安全技术[M].天津:天津科学技术出版社,2015.

服务功能,除了专门的防火墙嵌入系统外,不允许其他应用程序在防火墙上运行。需要注意的是现有的这些安全性也只能说是相对的,因此对于提高防火墙自身安全性的探索工作将一直持续下去。

(三)防火墙的功能

防火墙最基本的功能就是控制在计算机网络中不同信任程度区域间传送的数据流。具体体现在以下四个方面。

1.防火墙是网络安全的屏障

防火墙(作为阻塞点、控制点)能极大地提高一个内部网的安全性,并通过过滤不安全的服务而降低风险。只有经过精心选择的应用协议才能通过防火墙,所以网络环境变得更安全。如防火墙可以禁止诸如众所周知的不安全的NFS(网络文件系统)协议进出受保护网络,这样外部的攻击者就不可能利用这些脆弱的协议来攻击内部网。防火墙同时可以保护网络免受基于路由的攻击,如IP进项中的源路由攻击和ICMP重定向中的重定向路径。防火墙应该可以拒绝以上所有类型攻击的报文并通知防火墙管理员。

2.防火墙可以强化网络安全策略

通过以防火墙为中心的安全方案配置,能将所有安全软件(如口令、加密、身份认证、审计等)配置在防火墙上,与将网络安全问题分散到各个主机上相比,防火墙的集中安全管理更经济。例如,在网络访问时,一次一密口令系统和其他的身份认证系统可以不必分散在各个主机上,而集中在防火墙上。

3.防火墙可以对网络存取和访问进行监控审计

如果所有的访问都经过防火墙,那么防火墙就能记录下这些访问并做出日志记录,同时也能提供网络使用情况的统计数据,当发生可疑动作时,防火墙能进行适当的报警,并提供网络是否受到监测和攻击的详细信息。另外,收集一个网络的使用和误用情况也是非常重要的,这样可以清楚防火墙是否能够抵挡攻击者的探测和攻击,并且清楚防火墙的控制是否充足。而网络使用统计功能对网络需求分析和威胁分析等而言也是非常重要的。

4.防火墙可以防范内部信息的外泄

通过利用防火墙对内部网的划分,可实现内部网重点网段的隔离,从而限制了局部重点或敏感网络安全问题对全局网络造成的影响。再者,隐私是内部网非常关心的问题,一个内部网中不引人注意的细节可能包含了有关安全的线索,从而引起外部攻击者的兴趣,甚至因此暴露了内部网的某些安全漏洞。使用防火墙就可以隐蔽那些透露内部细节的服务,如 Finger、DNS 等。Finger 显示了主机所有用户的注册名、真名、最后登录时间和使用 Shell 类型等,Finger 显示的信息非常容易被攻击者所获悉。攻击者可以知道一个系统使用的频繁程度,这个系统是否有用户正在连线上网,是否在被攻击时会引起注意等。防火墙可以同样阻塞有关内部网中的 DNS 信息,这样一台主机的域名和 IP 地址就不会被外界所了解。

除了上述的安全防护功能之外,防火墙还可以提供网络地址转换(NAT)、虚拟专用网(VPN)等其他功能。总而言之,防火墙技术已经成为网络安全中不可或缺的重要安全措施。

(四)防火墙的性能指标

防火墙的性能可以从传输层性能、网络层性能、应用层性能三个方面衡量。

1.传输层性能指标

传输层性能主要包括 TCP 并发连接数和最大 TCP 连接建立速率两个指标。

(1)TCP 并发连接数

并发连接数是衡量防火墙性能的一个重要指标。在 IETFRFC2647 中给出了并发连接数的定义,它是指穿越防火墙的主机之间或主机与防火墙之间能同时建立的最大连接数。它表示防火墙对其业务信息流的处理能力,反映出防火墙对多个连接的访问控制能力和连接状态跟踪能力,这个参数直接影响到防火墙所能支持的最大信息点数。

(2)最大 TCP 连接建立速率

该项指标是防火墙维持的最大 TCP 连接建立速度,用以体现防火墙更新连接状态表的最大速率,考察 CPU 的资源调度状况。这个指标主要体现了防火墙对于连接请求的实时反应能力。对于中小用户来讲,这个指标就显得更为重要,可以设想一下,当防火墙每秒可以更快地处理连接请求,而且可以更快地传输数据时,网络中的并发连接数就会倾向偏小,防火墙的压力也会减小,用户看到的防火墙性能也就越好,所以 TCP 连接建立速率是极其重要的指标。

2. 网络层性能指标

网络层性能指的是防火墙转发引擎对数据包的转发性能,吞吐量、时延、丢包率和背对背缓冲四项指标是其基本指标。这个指标实际上侧重在相同的测试条件下对不同的网络设备之间做性能比较,而不针对仿真实际流量,也可称其为基准测试。

(1)吞吐量指标

网络中的数据是由一个个数据帧组成,防火墙对每个数据帧的处理要耗费资源。吞吐量就是指在没有数据帧丢失的情况下,防火墙能够接受并转发的最大速率。吞吐量的大小主要由防火墙内网卡及程序算法的效率决定,尤其是程序算法,会使防火墙系统进行大量运算,通信量大打折扣。

(2)时延指标

网络的应用种类非常复杂,许多应用(例如音频、视频等)对时延非常敏感,而网络中加入防火墙必然会增加传输时延,所以较低的时延对防火墙来说是不可或缺的。测试时延是指测试仪表发送端口发出数据包,经过防火墙后到接收端口收到该数据包的时间间隔,时延有存储转发时延和直通转发时延两种。

(3)丢包率指标

丢包率是指在正常稳定的网络状态下,应该被转发,但由于缺少资源而没有被转发的数据包占全部数据包的百分比。较低的丢包率,意味着防火墙在强大的负载压力下，能够稳定地工作，以适应各种网络的复杂应用和较大数据流量对处理性能的高要求。

(4)背靠背缓冲指标

背靠背缓冲是测试防火墙设备在接收到以最小帧间隔传输的网络流量时，在不丢包条件下所能处理的最大包数。该项指标是考察防火墙为保证连续不丢包所具备的缓冲能力，当网络流量突增而防火墙一时无法处理时，它可以把数据包先缓存起来再发送。从防火墙的转发能力上来说，如果防火墙具备线速能力，则该项测试没有意义。当数据包来得太快而防火墙处理不过来时，才需要缓存一下。如果防火墙处理能力很强，那么缓存能力就没有什么用，因此当防火墙的吞吐量和新建连接速率指标都很高时，无论防火墙缓存能力如何，背靠背指标都可以测到很高，因此在这种情况下这个指标就不太重要了。但是，由于以太网最小传输单元的存在，导致许多分片数据包的转发。由于只有当所有的分片包都被接收到后才会进行分片包的重组，防火墙如果缓存能力不够，将导致处理这种分片包时发生错误，丢失一个分片都会导致重组错误。

3. 应用层性能指标

应用层指的是获得处理 HTTP 应用层流量的防火墙基准性能，主要包括 HTTP 传输速率和最大 HTTP 事务处理速率。

(1)HTTP 传输速率

该指标主要是测试防火墙在应用层的平均传输速率，是被请求的目标数据通过防火墙的平均传输速率。

该算法是从所传输目标数据首个数据包的第一个比特开始到最末数据包的最后一个比特结束来进行计算，平均传输速率的计算公式为：

传输速率(bps)＝目标数据包数×目标数据包大小×8b/测试时长

其中，目标数据包数是指在所有连接中成功传输的数据包总数，目标数据包大小是指以字节为单位的数据包大小。统计时只能计算协议的有效负载，不包括任何协议头部分。同样也必须将与连接建立、释放以及安全相关或维持连接所相关的比特排除在统计之外。

由于面向连接的协议要求对数据进行确认,传输负载会因此有所波动,因此应该取测试中转发的平均速率。

(2)最大 HTTP 事务处理速率

该项指标是防火墙所能维持的最大事务处理速率,即用户在访问目标时,所能达到的最大速率。

以上各项指标是常用的防火墙性能测试衡量参数。除以上三部分的测试外,由于在不同测试过程中可采用不同大小的数据包,而且越来越多的防火墙集成了 IPSec VPN 的功能,数据包经过 VPN 隧道进行传输需要经过加密、解密,对性能所造成的影响很显著。因此,对 IPSec VPN 性能的研究也很重要,它主要包括协议一致性、隧道容量、隧道建立速率以及隧道内网络性能等。同时,防火墙的安全性测试也是不容忽视的内容,对于防火墙来说,最能体现其安全性和保护功能的便是它的防攻击能力。性能优良的防火墙能够阻拦外部的恶意攻击,同时还能够使内网正常地与外界通信,对外提供服务。因此,还应该考察防火墙在建立正常连接的情况下防攻击的能力。这些攻击包括 IP 地址欺骗攻击、ICMP 攻击、IP 碎片攻击、拒绝服务攻击、特洛伊木马攻击、网络安全性分析攻击、口令探询攻击、邮件诈骗攻击等。

根据上述性能指标,防火墙常用的功能性指标主要如下:

①服务平台支持。服务平台支持指防火墙所运行的操作系统平台,常见的系统平台包括 Linux、UNIX、Windows NT 以及专用的安全操作系统。通常使用专用操作系统的防火墙具有更好的安全性能。

②LAN 口支持。LAN 口支持主要包括三个方面,首先,防火墙支持 LAN 接口类型,决定着防火墙能适用的网络类型,如以太网、令牌环网、ATM、FDDI 等;其次,LAN 口支持的带宽,如百兆以太网、千兆以太网;最后,防火墙提供的 LAN 口数,决定着防火墙最多能同时保护的局域网数量。

③协议支持。协议支持主要指对非 TCP/IP 协议族的支持,如是否支持 IPX、NETBEUI 等协议。

④VPN 支持。VPN 支持主要指是否提供虚拟专网(VPN)功能，提供建立 VPN 隧道所需的 IPSec、PPTP、专用协议，以及在 VPN 中可以使用的 TCP/IP 等。

⑤加密支持。加密支持主要指是否提供支持 VPN 加密需要使用的加密算法，以及是否提供硬件加密支持等功能。

⑥认证支持。认证支持主要指防火墙提供的认证方式，通过该功能防火墙为远程或本地用户访问网络资源提供鉴权认证服务。

⑦访问控制。访问控制主要指防火墙通过包过滤、应用代理或传输层代理方式，实现对网络资源的访问控制。

⑧NAT 支持。NAT 支持指防火墙是否提供网络地址转换(NAT)功能，即将一个 IP 地址域映射到另一个 IP 地址域。NAT 通常用于实现内网地址与公网地址的转换，这可以有效地解决 IPv4 公网地址紧张的问题，同时可以隐藏内部网的拓扑结构，从而提高内部网的安全性。

⑨管理支持。管理支持主要指提供给防火墙管理员的管理方式和功能，管理方式一般分为本地管理、远程管理和集中式管理。具体的管理功能包括：是否提供基于时间的访问控制，是否支持带宽管理，是否具备负载均衡特性，对容错技术的支持等。

⑩日志支持。日志支持主要指防火墙是否提供完善的日志记录、存储和管理的方法。主要包括：是否提供自动日志扫描，是否提供自动报表和日志报告输出，是否提供完善的告警机制，是否提供实时统计功能等。

⑪其他支持。目前防火墙的功能不断地得到丰富，其他可能提供的功能还包括：是否支持病毒扫描，是否提供内容过滤，是否能抵御 DoS/DDoS 拒绝服务攻击，是否能基于 HTTP 内容过滤 ActiveX、Javascript 等脚本攻击，以及是否能提供实时入侵防御和防范 IP 欺骗等功能。

(五)防火墙的规则

防火墙执行的是组织或机构的整体安全策略中的网络安全策略。具体地说。防火墙是通过设置规则来实现网络安全策略的。防火墙规则可以告诉防火墙哪些类型的通信流量可以进出防火墙。所有的防火墙都有一个规则文件，是其最重要的配置文件。

1. 规则的内容分类

防火墙规则实际上就是系统的网络访问政策。一般来说可以分成两大类：一类称为高级政策，用来定义受限制的网络许可和明确拒绝的服务内容、使用这些服务的方法及例外条件；另一类称为低级政策，描述防火墙限制访问的具体实现及如何过滤高级政策定义服务。[①]

2. 规则的特点

(1)防火墙的规则是保护内部信息资源的策略的实现和延伸。

(2)防火墙的规则必须与网络访问活动紧密相关，理论上应该集中关于网络访问的防火墙规则。

(3)防火墙的规则必须既稳妥可靠，又切合实际，它是一种在严格安全管理与充分利用网络资源之间取得较好平衡的政策。

(4)防火墙可以实施各种不同的服务访问政策。

3. 防火墙的设计原则

防火墙的设计原则是防火墙用来实施服务访问政策的规则，是一个组织或机构对待安全问题的基本观点和看法。防火墙的设计原则主要有以下两个。

(1)拒绝访问一切未予特许的服务

在该规则下，防火墙阻断所有的数据流，只允许符合开放规则的数据流进出。这种规则创造了比较安全的内部网络环境，但用户使用的便利性较差，用户需要的新服务必须由防火墙管理员逐步添加。这个原则也被称为限制性原则。基于限制性原则建立的防火墙被称为限制性防火墙，其主要的目的是防止未经授权的访问。这种思想被称为“Deny All”，防火墙只允许一些特定的服务通过。

(2)允许访问一切未被特别拒绝的服务

在该规则下，防火墙只禁止符合屏蔽规则的数据流，而允许转发所有

① 许振霞.计算机网络安全技术[M].天津：天津科学技术出版社，2015.

其他数据流。这种规则实现简单且创造了较为灵活的网络环境,但很难提供可靠的安全防护,这个原则也被称为连通性原则。基于连通性原则建立的防火墙被称为连通性防火墙,其主要的目的是保证网络访问的灵活性和方便性。这种思想被称为"Allow All",防火墙会默认地让所有的连接通过,只会阻断屏蔽规则定义的通信。

如果侧重安全性,则规则(1)更加可取;如果侧重灵活性和方便性,规则(2)更加合适。具体选择哪种规则,需根据实际情况决定。

需要特别指出的是,如果采用限制性原则,那么用户也可以采用"最少特权"的概念,即分配给系统中的每一个程序和每一个用户的特权应该是它们完成工作所必须享有的特权的最小集合。最少特权降低了各种操作的授权等级,减少了拥有较高特权的进程或用户执行未经授权的操作的机会,具有较好的安全性。

4.规则的顺序问题

规则的顺序问题是指防火墙按照什么样的顺序执行规定过滤操作。一般来说,规则是一条接着一条顺序排列的,较特殊的规则排在前面;而较普通的规则排在后面。但是目前已经出现可以自动调整规则执行顺序的防火墙。这个问题必须慎重对待,不恰当的顺序将会导致规则的冲突,以致造成系统漏洞。

(六)防火墙的发展趋势

当前防火墙技术已经经历了包过滤、应用网关、状态检测、自适应代理等阶段。

防火墙是信息安全领域最成熟的技术之一,但是成熟并不意味着发展的停滞,恰恰相反,日益提高的安全需求对信息安全技术提出了越来越高的要求,防火墙也不例外。下面介绍一下防火墙技术的主要发展趋势。

1.模式转变

传统的防火墙通常都设置在网络的边界位置,不论是内网与外网的边界,还是内网中的不同子网的边界,以数据流进行分隔,形成安全管理区域。但这种设计的最大问题是:恶意攻击的发起不仅仅来自外网,内网环境同样存在着很多安全隐患，而对于这种问题，边界式防火墙处理起来是比较困难的，所以现在越来越多的防火墙也开始体现出一种分布式结构，以分布式为体系进行设计的防火墙以网络节点为保护对象，可以最大限度地覆盖需要保护的对象，大幅提升安全防护强度，这不仅仅是单纯的防火墙形式的变化，而是防火墙防御理念的升华。

防火墙的几种基本类型可以说各有优点，所以很多厂商将这些方式结合起来，以弥补单纯一种方式带来的漏洞和不足。例如，比较简单的方式就是既针对传输层面的数据包特性进行过滤，也针对应用层的规则进行过滤，这种综合性的过滤设计可以充分挖掘防火墙核心功能的能力，可以说是在自身基础之上进行再发展的最有效途径之一，目前较为先进的一种过滤方式是带有状态检测功能的数据包过滤，其实这已经成为现有防火墙的一种主流检测模式。可以预见，未来的防火墙检测模式将继续整合更多的技术范畴，而这些技术范畴的配合也同时获得大幅的提高。

就现状来看，防火墙的信息记录功能日益完善，通过防火墙的日志系统，可以方便地追踪过去网络中发生的事件，还可以完成与审计系统的联动，具备足够的验证能力，以保证在调查取证过程中采集的证据符合法律要求。相信这一方面的功能在未来会有很大幅度地增强，同时这也是众多安全系统中一个需要共同面对的问题。

2.功能扩展

现在的防火墙已经呈现出一种集成多种功能的设计趋势，包括VPN、AAA、PKI、IPSec等附加功能，甚至防病毒、入侵检测这样的主流功能都被集成到防火墙中了，很多时候已经很难分辨这样的系统到底是以防火墙为主，还是以某个功能为主了，即其已经逐渐向IPS（入侵防御系统）转化。有些防火墙集成了防病毒功能，这样的设计会对管理性能带来不少提升，但同时也对防火墙的另外两个重要因素产生了影响，即性能和自身的安全问题，所以应该根据具体的应用环境来做综合的权衡。

防火墙的管理功能一直在迅猛发展，并且不断地提供一些方便好用的功能给管理员，这种趋势仍将继续，更多新颖、实效的管理功能会不断地涌现出来，例如，短信功能至少在大型环境里会成为标准配置，当防火墙的规则变更或被预先定义的管理事件发生之后，报警行为会以多种途径被发送至管理员处，包括即时的短信或移动电话拨叫功能，以确保安全响应行为在第一时间被启动，而且在将来，通过类似手机、PDA 这类移动处理设备也可以方便地对防火墙进行管理。当然，这些管理方式的扩展需要面对的问题首先还是如何保证防火墙系统自身的安全性不被破坏。

3.性能提高

未来的防火墙由于在功能性上的扩展，以及应用日益丰富、流量日益复杂所提出的更多性能要求，会呈现出更强的处理性能要求，所以诸如并行处理技术等经济实用并且经过足够验证的性能提升手段将越来越多地应用在防火墙平台上。相对来说，单纯的流量过滤性能是比较容易处理的问题，但与应用层涉及越紧密，性能提高所需要面对的情况就会越复杂。在大型应用环境中，防火墙的规则库至少有上万条记录，而随着过滤的应用种类的提高，规则数往往会以几何级数的程度上升，这对防火墙的负荷是很大的考验，使用不同的处理器完成不同的功能可能是解决办法，例如，利用集成专有算法的协处理器来专门处理规则判断，在防火墙的某方面性能出现较大瓶颈时，通常可以单纯地升级某个部分的硬件来解决，这种设计有些已经应用到现有的防火墙中了，也许在未来的防火墙中会呈现出非常复杂的结构。

除了硬件因素之外，规则处理的方式及算法也会对防火墙性能造成很明显的影响，所以在防火墙的软件部分也应该融入更多先进的设计技术，并会出现更多的专用平台技术，以期满足防火墙的性能要求。

综上所述，不论从功能还是从性能来讲，防火墙的未来发展速度会不断地加快，这也反映了安全需求不断上升的一种趋势。

二、防火墙技术

防火墙技术主要包括包过滤技术、应用网关技术和状态检测技术等。

(一)包过滤技术

包过滤技术也称为分组过滤技术。包是网络中数据传输的基本单位,当信息通过网络进行传输时,在发送端被分割为一系列数据包,经由网络上的中间节点转发,抵达传输的目的端时被重新组合形成完整的信息。一个数据包由两部分构成:包头部分和数据部分。

只使用包过滤技术的防火墙是最简单的一种防火墙,它在网络层截获网络数据包,根据防火墙的规则表,来检测攻击行为,在网络层提供较低级别的安全防护和控制。过滤规则以用于IP顺行处理的包头信息为基础,不理会包内的正文信息内容。包头信息包括IP源地址、IP目的地址、封装协议、TCP/UDP源端口、ICMP包类型、包输入接口和包输出接口。如果找到一个匹配,且规则允许,则数据包根据路由表中的信息前行;如果找到一个匹配,且规则拒绝此包,那么此数据包则被丢弃;如果无匹配规则,则由用户配置的默认参数决定此包是前行还是被舍弃。

数据包过滤的功能通常被整合到路由器或网桥之中来限制信息的流通。数据包过滤器使得管理员能够对特定协议的数据包进行控制,使得它们只能传送到网络的局部;能够对电子邮件的域进行隔离;能够进行其他数据包传输上的管控功能。

数据包过滤器是防火墙中应用的一项重要功能,它对IP数据包的源头进行检查以确定数据包的源地址、目的地址和数据包利用的网络传输服务。传统的数据包过滤器是静态的,仅依照数据包报头的内容和规则组合来允许或拒绝数据包的通过。包过滤在本地端接收数据包时,一般不保留上下文,只根据目前数据包的内容做决定。根据不同的防火墙的类型,包过滤可能在进入、输出时或这两个时刻都进行,可以拟定一个要接受的设备和服务的清单,一个不接受的设备和服务的清单,组成访问控制表。

1. 设置步骤

配置包过滤有三步。

(1)必须知道哪些数据包是应该和不应该被允许的,即必须制定一个安全策略。

(2)必须正式规定允许的包类型、包字段的逻辑表达。

(3)必须用防火墙支持的语法重写表达式。

2. 按地址过滤

下面是一个最简单的数据包过滤方式，它按照源地址进行过滤。比如说，认为网络 202.110.8.0 是一个危险的网络，那么就可以用源地址过滤禁止内部主机和该网络进行通信。表 4－1 是根据上面的政策所制定的规则。

表 4－1　过滤规则示例

规则	方向	源地址	目的地址	动作
A	出站	内部网	202.110.8.0	deny
B	入站	202.110.8.0	内部网	deny

很容易看出这种方式没有匹配数据包的全部信息，所以是不科学的，下面将要介绍一种更为先进的过滤方式——按服务过滤。

3. 按服务过滤

可以根据通过防火墙的数据包制定不同服务要求的包过滤规则，规则可以是时间、服务或者端口。

包过滤防火墙读取包头信息，与信息过滤规则比较，顺序检查规则表中每一条规则，至发现包中的信息与某条规则相符。如果有一条规则不允许发送某个包，路由器就将它丢弃；如果有一条规则允许发送某个包，路由器就将进行转发；如果不符合任何一条规则，路由器就会使用默认规则，一般情况下，默认规则就是禁止该包通过。①

屏蔽路由器是一种价格较高的硬件设备。如果网络不是很大，可以由一台 PC 机装上相应的软件来实现包过滤功能。

4. 包过滤防火墙的优点

包过滤防火墙具有明显的优点。

(1)一个屏蔽路由器能保护整个网络。一个恰当配置的屏蔽路由器

① 郑东营. 计算机网络技术及应用研究[M]. 天津：天津科学技术出版社，2019.

连接内部网与外部网，进行数据包过滤，就可以取得较好的网络安全效果。

(2)包过滤对用户透明。包过滤不要求任何客户机配置，当屏蔽路由器决定让数据包通过时，它与普通路由器没什么区别，用户感觉不到它的存在。较强的透明度是包过滤的最大优势。

(3)屏蔽路由器速度快、效率高。屏蔽路由器只检查包头信息，一般不查看数据部分，而且某些核心部分是由专用硬件实现的，故其转发速度快、效率高，通常作为网络安全的第一道防线。

5. 包过滤防火墙的缺点

(1)屏蔽路由器的缺点也是很明显的，通常它不保存用户的使用记录，这样就不能从访问记录中发现黑客的攻击记录。

(2)配置烦琐也是包过滤防火墙的一个缺点。没有一定的经验，是不可能将过滤规则配置得完美的。有些时候，因为配置错误，防火墙根本就不起作用。

(3)包过滤的另一个弱点就是不能在用户级别上进行过滤，只能认为内部用户是可信任的，而外部用户是可疑的。

(4)单纯由屏蔽路由器构成的防火墙并不是十分安全的，一旦屏蔽路由器被攻陷就会对整个网络产生威胁。

6. 包过滤防火墙的发展阶段

(1)第一代：静态包过滤防火墙。第一代包过滤防火墙与路由器同时出现，实现了根据数据包头信息的静态包过滤，这是防火墙的初级产品。静态包过滤防火墙对所接收的每个数据包审查包头信息，以便确定其是否与某一条包过滤规则匹配，然后做出允许或者拒绝通过的决定。

(2)第二代：动态包过滤防火墙。此类防火墙采用动态设置包过滤规则的方法，避免了静态包过滤所存在的问题。动态包过滤只有在用户的请求下才打开端口，并且在服务完毕之后关闭端口，从而降低受到与开放端口相关的攻击的可能性。防火墙可以动态地决定哪些数据包可以通过内部网的链路和应用程序层服务，用户可以配置相应的访问策略。这种方法在两个方向上都将暴露端口的可能性减少到最小，给网络提供更高的安全性。

对于许多应用程序协议而言，如媒体流，动态IP包过滤提供了处理动态分配端口的最安全方法。

(3)第三代：全状态检测防火墙。第三代包过滤类防火墙采用状态检测技术，在包过滤的同时检查数据包之间的关联性，检查数据包中动态变化的状态码。它有一个监测引擎，能够抽取有关数据，从而对网络通信的各层实施监测，并动态保存状态信息作为以后执行安全策略的参考。当用户访问请求到达网关的操作系统前，状态监视器要抽取有关数据进行分析，结合网络配置和安全规定做出接纳、拒绝、身份认证、报警或给该通信加密等操作。

状态检测防火墙保留状态连接表，并将进出网络的数据当成一个个会话，利用状态表跟踪每一个会话状态。状态监测对每一个包的检查不仅根据规则表，更考虑了数据包是否符合会话所处的状态，因此提供了完整的对传输层的控制能力。

状态检测技术在大大提高安全防范能力的同时也改进了流量处理速度，使防火墙性能大幅度提升，因而能应用在各类网络环境中，尤其是在一些规则复杂的大型网络上。

(4)第四代：深度包检测防火墙。状态检测防火墙的安全性得到一定程度的提高，但是在对付DDoS(分布式拒绝服务)攻击、实现应用层内容过滤、病毒过滤等方面的表现还不能尽如人意。

面对新形势下的蠕虫病毒、垃圾邮件泛滥等严重威胁，最新一代包过滤防火墙采用了深度包检测技术。深度包检测技术融合入侵检测和攻击防范两方面功能，不仅能深入检查信息包，查出恶意行为，还可以根据特征检测和内容过滤，来寻找已知攻击，同时能阻止异常访问。深度包检测基于指纹匹配、启发式技术、异常检测以及统计学分析等技术来决定如何处理数据包。深度包检测防火墙能阻止DDoS攻击，解决病毒传播问题和高级应用入侵问题。

(二)应用代理技术

1.代理服务器简介

代理服务器是指代表内网用户向外网服务器进行连接请求的服务程序。代理服务器运行在两个网络之间,它对于客户机来说像是一台真的服务器,而对于外网的服务器来说它又是一台客户机。

代理服务器的基本工作过程:当客户机需要使用外网服务器上的数据时,首先,将请求发给代理服务器,代理服务器再根据这一请求向服务器索取数据;其次,再由代理服务器将数据传输给客户机。

同理,代理服务器在外部网向内部网申请服务时也发挥了中间转接的作用。

内网只接受代理服务器提出的服务请求,拒绝外网的直接请求。当外网向内网的某个节点申请某种服务时,先由代理服务器接受,然后代理服务器根据其服务类型、服务内容、被服务对象等决定是否接受此项服务。如果接受,就由代理服务器向内网转发这项请求,并把结果反馈给申请者。

可以看出,由于外部网与内部网之间没有直接的数据通道,外部的恶意入侵也就很难伤害到内网。

代理服务器通常拥有高速缓存,缓存中存有用户经常访问站点的内容,在下一个用户要访问同样的站点时,服务器就不必重复读取同样的内容,既节约了时间,也节约了网络资源。

2.应用代理的优点

(1)应用代理易于配置。因为代理是一个软件,所以比过滤路由器容易配置。如果代理实现得好,可以对配置协议要求降低,从而避免了配置错误。

(2)应用代理能生成各项记录。因代理在应用层检查各项数据,所以可以按一定准则,让代理生成各项日志、记录。这些日志、记录对于流量分析、安全检验是十分重要的。

(3)应用代理能灵活、完全地控制进出信息。通过采取一定的措施,按照一定的规则,可以借助代理实现一整套的安全策略,控制进出信息。

(4)应用代理能过滤数据内容。可以把一些过滤规则应用于代理,让它在应用层实现过滤功能。

3.应用代理的缺点

(1)应用代理速度比路由器慢。路由器只是简单查看包头信息,不做详细分析、记录。而代理工作于应用层,要检查数据包的内容,按特定的应用协议对数据包内容进行检查、扫描,并转发请求或响应,故其速度比路由器慢。

(2)应用代理对用户不透明。许多代理要求客户端做相应改动或定制,因而增加了不透明度,为内部网的每一台主机安装和配置特定的客户端软件既耗费时间,又容易出错。

(3)对于每项服务,应用代理可能会要求用不同的服务器。因此可能需要为每项协议设置一个不同的代理服务器,挑选、安装和配置所有这些不同的服务器是一项繁重的工作。

(4)应用代理服务通常要求对客户或过程进行限制。除了一些为代理而设的服务外,代理服务器要求对客户或过程进行限制,每一种限制都有不足之处,人们无法按他们自己的步骤工作。由于这些限制,代理应用就不能像非代理应用那样灵活运用。

(5)应用代理服务受协议的限制。每个应用层协议,或多或少存在一些安全问题。对于一个代理服务器来说,要彻底避免这些安全隐患几乎是不可能的,除非关掉这些服务。

(6)应用代理不能改进底层协议的安全性。

4.应用代理防火墙的发展阶段

(1)应用层代理。应用层代理也称为应用层网关,这种防火墙的工作方式同包过滤防火墙的工作方式具有本质区别。代理服务是运行在防火墙主机上的、专门的应用程序或服务器程序。应用层代理为某个特定应用服务提供代理,它对应用协议进行解析并解释应用协议的命令。根据其处理协议的功能可分为 FTP 网关型防火墙、Telnet 网关型防火墙、

WWW 网关型防火墙等。

(2)电路层代理。另一种类型的代理技术称为电路层网关,也称为电路级代理服务器。在电路层网关中,包被提交到用户应用层处理。电路层网关用来在两个通信的终点之间转换包。

在电路层网关中,可能要安装特殊的客户机软件,用户需要一个可变接口来相互作用或改变他们的工作习惯。

电路层代理适用于多个协议,但无法解释应用协议,需要通过其他方式来获得信息。所以电路级代理服务器通常要求修改用户程序。其中,套接字服务器就是电路级代理服务器。套接字是一种网络应用层的国际标准。当内网客户机需要与外网交互信息时,在防火墙上的套接字服务器检查客户的 UserID、IP 源地址和 IP 目的地址,经过确认后,套接字服务器才与外部的服务器建立连接。对用户来说,内网与外网的信息交换是透明的,感觉不到防火墙的存在,那是因为互联网用户不需要登录到防火墙上。但是客户端的应用软件必须支持 Socketsifide API,内部网用户访问外部网所使用的 IP 地址也都是防火墙的 IP 地址。

(3)自适应代理。应用层代理的主要问题是速度慢,支持的并发连接数有限。因此,NAI 公司在 1998 年又推出了具有自适应代理特性的防火墙。

自适应代理不仅能维护系统安全,还能够动态适应传送中的分组流量。它能够根据具体需求定义防火墙策略,而不会牺牲速度或安全性。如果对安全要求较高,则最初的安全检查仍在应用层进行,保证实现传统代理防火墙的最大安全性。而一旦代理明确了会话的所有细节,其后的数据包就可以直接经过速度更快的网络层。

自适应代理可以和安全脆弱性扫描器、病毒安全扫描器和入侵检测系统实现更加灵活地集成。作为自适应安全计划的一部分,自适应代理将允许经过正确验证的设备在安全传感器和扫描器发现重要的网络威胁时,根据防火墙管理员事先确定的安全策略,自动适应防火墙级别。①

---

① 程帅超,张冬冬.信息化时代计算机网络安全防护技术分析[J].软件,2023(10):89—91.

(三)状态监视技术

1.状态监视技术简介

状态检测是由 Check Point 公司最先提出的,它是防火墙技术的一项突破性变革,把包过滤的快速性和代理的安全性很好地结合在一起,目前已经是防火墙最流行的检测方式。状态检测技术克服了以上两种技术的缺点,引入了 OSI 全七层监测能力,同时又能保持客户端/服务器的体系结构,对用户访问是透明的。

与包过滤防火墙相比,状态检测防火墙判断的依据也是源 IP 地址、目的 IP 地址、源端口、目的端口和通信协议等。与包过滤防火墙不同的是,状态检测防火墙是基于会话信息做出决策的,而不是包的信息。状态检测防火墙验证进来的数据包是,判断当前数据包是否符合先前允许的会话,并在状态表中保存这些信息。状态检测防火墙还能阻止基于异常 TCP 的网络层的攻击行为。网络设备,比如,路由器会将数据包分解成更小的数据帧,因此,状态检测设备,通常需要将 IP 数据帧按其原来顺序组装成完整的数据包。

状态检测的基本思想是对所有网络数据建立连接的概念,既然是连接,必然有一定的顺序,通信两边的连接状态也是按一定顺序进行变化的,就像打电话,一定要先拨号,对方电话才能响铃。防火墙的状态检测就是事先确定好连接的合法过程模式,如果数据过程符合这个模式,则说明数据是合法正确的;否则就是非法数据,应该被丢弃。

2.状态检测防火墙的优点

(1)具有检查 IP 包每个字段的能力,并遵从基于包中信息的过滤规则。

(2)能识别带有欺骗性源 IP 地址的数据包。

(3)状态检测防火墙是两个网络之间访问的唯一来源,因为所有的通信必须通过防火墙。

(4)能基于应用程序信息验证一个包的状态。

(5)能基于连接验证一个包的状态。例如,允许一个先前认证过的连接继续与被授予的服务通信。

(6)记录通过的每个包的详细信息。防火墙用来确定包状态的所有信息都可以被记录,包括应用程序对包的请求、连接的持续时间、内部和外部系统所做的连接请求等。

3. 状态检测防火墙的缺点

状态检测防火墙唯一的缺点就是所有这些记录、测试和分析工作可能会造成网络连接的某种迟滞,特别是在同时有许多连接激活的时候,或者是有大量的过滤网络通信的规则存在时更是如此。

4. 状态检测防火墙的发展阶段

(1)状态检测防火墙

状态检测防火墙又称为动态包过滤防火墙,它在网络层由一个检查引擎截获数据包并抽取出与应用层状态有关的信息,并以此作为依据决定是接受还是拒绝该数据包。检查自动生成动态的状态信息表,并对后续的数据包进行检查,一旦任何连接的参数有意外变化,该连接就会被终止。

状态检测防火墙克服了包过滤防火墙和应用代理服务器的局限性,能够根据协议、端口及源地址、目的地址的具体情况决定是否允许数据包通过。对于每个安全策略允许的请求,状态检测防火墙启动相应的进程,可以快速地确认符合授权流通标准的数据包,这使得本身的运行非常快速。

(2)深度检测防火墙

深度检测防火墙将状态检测和应用防火墙技术结合在一起,以处理应用程序的流量,防范目标系统免受各种复杂的攻击。由于结合了状态检测的所有功能,因此深度检测防火墙能够对数据流量迅速完成网络层级别的分析,并做出访问控制决策,对于允许的数据流,根据应用层级别的信息,对负载做出进一步的决策。

状态检测技术在大力提高安全防范能力的同时也改进了流量处理速度。状态监测技术用一系列优化技术,使防火墙性能大幅度提升,能应用在各类网络环境中，尤其是在一些规则复杂的大型网络上。深度检测技术对数据包头或有效载荷所封装的内容进行分析，从而引导、过滤和记录基于IP的应用程序和Web服务通信流量，其工作并不受协议种类和应用程序类型的限制。采用深度检测技术，企业网络可以获得性能上的大幅度提升而无需购买昂贵的服务器或其他安全产品。

现在使用的防火墙多是几种技术的集成，即复合型防火墙。复合型防火墙是指综合了状态检测与透明代理的新一代防火墙，它基于ASIC架构，把防病毒、内容过滤整合到防火墙里，其中还包括VPN、IDS功能，多单元融为一体，是一种新的突破，体现了网络与信息安全的新思路。它在网络边界实施OSI第7层的内容扫描，实现了实时在网络边缘部署病毒防护、内容过滤等应用层服务措施。

(四)防火墙技术的发展

随着防火墙技术的发展，未来的防火墙将向分布式防火墙、嵌入式防火墙、深度防御、主动防御方向发展，与其他安全技术联动产生互操作协议，防火墙技术更加专用化、小型化、硬件化。为达成上述防火墙发展目标，人们对新的防火墙技术有以下展望。

1.深度防御技术

深度防御技术是指防火墙在整个协议上建立多个安全检查点，利用各种安全手段对经过防火墙的数据包进行多次检查，从而提高防火墙的安全性。例如：在网络层，过滤掉所有的源路由分组和假冒IP源地址的分组；在传输层，遵循过滤规则过滤掉所有禁止出入的协议报文和有害数据包；在应用层，利用FTP、SMTP等各种网关，控制和监测Internet提供的可用服务。

深度防御技术科学地混合了现有防火墙中已经广泛使用的各种安全技术（包括过滤、应用网关等），因而具有很大的灵活性和安全性。

2.区域联防技术

以前的防火墙仅仅在内、外网交界处进行安全控制，一旦黑客攻破该点，整个网络就暴露在黑客面前。随着黑客技术的不断提升，防火墙设备也受到越来越大的安全威胁,所以传统的防火墙结构已渐渐不能适应今天的企业架构。

新型的防火墙必须是分布式的,它结合主机型防火墙与个人计算机型防火墙,再配合传统型防火墙的功能,让其各司其职,从而形成全方位的最佳效能比的防卫架构,即区域联防技术。其目的是利用各区域加强防卫动作来化解攻击行为。凡是能连入 Internet 的终端,不论是网络主机、服务器还是个人计算机等,都应该有一定的防护功能,以避免受到黑客的入侵。

3. 网络安全产品的系统化

随着防火墙的广泛使用,人们也发现了防火墙的局限性。与此同时,各种各样的网络安全产品被推出。因此如何能使网络安全产品组成一个以防火墙为核心的网络安全体系也是业界比较关心的技术问题。

在以防火墙为核心的网络安全体系中,防火墙和其他网络安全产品对被保护网络中出现的安全问题发出联动的反应,从而最大限度地发挥各个网络安全产品的优势,提高被保护网络的安全性。除了入侵检测系统 IDS 之外,防火墙还可以和 VPN、病毒检测设备等进行联动,充分发挥各自的长处,协同配合,共同建立一个有效的安全防范体系。

4. 管理的通用化

管理的通用化是建立一个有效的安全防范体系的必要条件。要使各个不同的网络安全产品能够联动做出反应,就必须让它们都使用同一种通用的语言,也就是发展一种它们都能够理解的协议。如此一来,不论是对防火墙还是对 IDS、VPN、病毒检测设备等网络安全设备进行操作,都可以使用通用的网络设备管理方法。

5. 专用化和硬件化

在网络应用越来越多的情况下,一些专用防火墙的概念也被提了出来,单向防火墙(又称网络二极管)就是其中一种。单向防火墙的目的是让信息的单向流动成为可能,也就是网络上的信息只能从外网流入内网,而不能从内网流到外网,从而起到安全防范作用。同时,将防火墙中部分功能固化到硬件中,也是当前防火墙技术发展的方向。

三、防火墙的体系结构

最简单的防火墙是一台屏蔽路由器,此类防火墙一旦被攻陷,就会对整个网络安全产生威胁,所以一般不会使用这种结构。实际上防火墙的体系结构多种多样,目前使用的防火墙大都采用双重宿主主机结构、屏蔽主机结构、屏蔽子网结构三种体系结构。

(一)双重宿主主机结构

双重宿主主机又称堡垒主机,是一台至少配有两个网络接口的主机,它可以充当与这些接口相连的网络之间的路由器,在网络之间发送数据包。一般情况下,双宿主机的路由功能是被禁止的,因而能够隔离内部网与外部网之间的直接通信,从而起到保护内部网的作用。

双重宿主主机结构一般是用一台装有两块网卡的堡垒主机做防火墙。两块网卡各自与内部网和外部网相连。堡垒主机上运行着防火墙软件,可以转发应用程序、提供服务等。

双重宿主主机结构防火墙的最大特点是:IP层的通信是被阻止的,两个网络之间的通信可通过应用层数据共享或应用层代理服务器完成。代理服务能够为用户提供更为方便的访问手段,也可以通过共享应用层数据来访问外网。

双重宿主主机用两种方式来提供服务,一种是用户直接登录到双重宿主主机来提供服务;另一种是在双重宿主主机上运行代理服务器。

第一种方式需要在双重宿主主机上开立许多账号,这是很危险的,原因如下:

(1)用户账号的存在会给入侵者提供相对容易的入侵通道,每一个账号通常有一个可使用的口令(即通常用的口令和一次性口令相对),这样很容易被入侵者破解。

(2)如果双重宿主主机上有很多账号,管理员维护起来很麻烦。

(3)支持用户账号会降低机器本身的稳定性和可靠性。

(4)因为用户的行为是不可预知的,如双重宿主主机上有很多用户账号,这会给入侵检测带来很大的麻烦。

如果在双重宿主主机上运行代理服务器,产生的问题相对要少得多,而且一些服务本身的特点就是存储转发型的。当内网的用户要访问外部站点时,必须先经过代理服务器认证,然后才可以通过代理服务器访问互联网。

双重宿主主机是唯一的隔开内部网和互联网之间的屏障。如果入侵者得到了双重宿主主机的访问权,内部网就会被入侵,所以为了保证内部网的安全,只有双重宿主主机具有强大的身份认证系统,才可以阻挡非法登录。

双重宿主主机防火墙优于屏蔽路由器之处在于,其系统软件可用于维护系统日志,这对于日后的安全检查很有用。

双重宿主主机防火墙的一个致命弱点是:一旦入侵者侵入堡垒主机并使其具有的路由功能,则任何外网用户均可以随便访问内网。

堡垒主机是用户在网络上最容易受侵袭的机器,要采取各种措施来保护它。设计时有两条基本原则:一是堡垒主机要尽可能简单,保留最少的服务,关闭路由功能;二是随时做好准备,修复受损害的堡垒主机。

(二)屏蔽主机结构

屏蔽主机结构又称为主机过滤结构。屏蔽主机结构需要配备一台堡垒主机和一个有过滤功能的屏蔽路由器。屏蔽路由器连接外部网,堡垒主机安装在内部网上。通常在路由器上设立过滤规则,并使堡垒主机成为从外部网唯一可直接到达的主机。入侵者要想入侵内部网,必须越过屏蔽路由器和堡垒主机两道屏障,所以屏蔽主机结构比双重宿主主机结构具有更好的安全性和可用性。

堡垒主机是外网主机连接到内部网的桥梁,且仅有某些确定类型的连接被允许(如传送进来的电子邮件)。任何外部网如果要试图访问内部网,必须连接到这台堡垒主机上。因此,堡垒主机需要有较高的安全等级。

在屏蔽路由器中数据包过滤可以按下列之一配置。

(1)允许其他的内部主机为了某些服务(如 Telnet)与外网主机连接。

(2)不允许来自内部主机的所有连接(强迫主机必须经过堡垒主机使用代理服务)。

用户可以针对不同的服务混合使用这些手段,某些服务可以被允许直接经由数据包过滤,而其他服务可以被允许间接地经过代理,这完全取决于用户实行的安全策略。

在采用屏蔽主机防火墙的情况下,屏蔽路由器是否正确配置是安全与否的关键。屏蔽路由器的路由表应当受到严格的保护,如果路由表遭到破坏,数据包就不会被路由到堡垒主机上,从而使外部访问越过堡垒主机进入内网。

屏蔽主机结构的缺点:如果入侵者有办法侵入堡垒主机,而且在堡垒主机和其他内部主机之间没有任何安全保护措施的情况下,那么整个网络对入侵者都是开放的。为了改进这一缺点,可以使用屏蔽子网结构。[①]

(三)屏蔽子网结构

堡垒主机是内部网上最容易受到攻击的,在屏蔽主机结构中,如果能够侵入堡垒主机就可以毫无阻拦地进入内部网。因为该结构中屏蔽主机与其他内部机器之间没有特殊的防御手段,内部网对堡垒主机不做任何防备。

屏蔽子网结构可以改进这种状况,它是在屏蔽主机结构的基础上添加额外的安全层,即通过添加周边网络(即屏蔽子网)进一步把内部网与外部网隔离开。

一般情况下,屏蔽子网结构包含外部和内部两个路由器。两个屏蔽路由器放在子网的两端,在子网内构成一个 DMZ。有的屏蔽子网中还设有一台堡垒主机作为唯一可访问点,支持终端交互或作为应用网关代理。这种配置的危险地带仅包括堡垒主机、子网主机及所有连接内网、外网和

---

① 彭茜.对计算机网络安全防护技术的几点探讨[J].信息系统工程,2016(10):65.

屏蔽子网的路由器。

屏蔽子网结构通过在周边网络上用两个屏蔽路由器隔离堡垒主机，能减少堡垒主机被侵入的危害程度。外部路由器保护周边网络和内部网免受来自 Internet 的侵犯，内部路由器保护内部网免受来自 Internet 和周边网的侵犯。要侵入使用这种防火墙的内部网，入侵者必须通过两个屏蔽路由器。即使入侵者能够侵入堡垒主机，内部路由器也会阻止他继续入侵内部网。

(四)防火墙的组合结构

构建防火墙时一般很少采用单一结构，通常采用多种结构的组合。这种组合主要取决于网管中心向用户提供什么样的服务，以及网管中心能接受什么等级的风险。采用哪种技术还取决于经费、投资额或技术人员的技术水平、时间等因素。

防火墙的组合结构一般有使用多堡垒主机、合并内部路由器与外部路由器、合并堡垒主机与外部路由器、合并堡垒主机与内部路由器、使用多台内部路由器、使用多台外部路由器、使用多个周边网络、使用双重宿主主机与屏蔽子网等形式。

四、ASPF

(一)ASPF 概述

ASPF 是指基于应用层的包过滤技术，与 ALG(应用层网关)配合，可以实现动态通道检测和应用状态检测两大功能，是比传统包过滤技术更高级的一种防火墙技术。ASPF 负责检查应用层协议信息并且监控连接的应用层协议状态。对于特定应用协议的所有连接，每一个连接状态信息都被 ASPF 监控并动态地决定数据包是否被允许通过防火墙或丢弃。

ASPF 在 Session 表的数据结构中维护着连接的状态信息，并利用这些信息来维护会话的访问规则。ASPF 保存着不能由访问控制列表规则保存的重要状态信息。防火墙检验数据流中的每一个报文，确保报文的状态与报文本身符合用户所定义的安全规则。连接状态信息用于智能允许或禁止报文。当一个会话终止时，Session 表项也将被删除，防火墙中的会话也将被关闭。

ASPF 是针对应用层的报文过滤，即基于状态的报文过滤，它具有以下优点。

(1)支持传输层协议检测和 ICMP、RAWIP 协议检测。

(2)支持对应用层协议的解析和连接状态的检测，这样每一个应用连接的状态信息都将被 ASPF 维护，并用于动态地决定数据包是否被允许通过防火墙或丢弃。

(3)支持应用协议端口映射(PAM)，允许用户自定义应用层协议使用非通用端口。

(4)可以支持 Java 阻断和 ActiveX 阻断功能，分别用于实现对来自不信任站点的 Java Applet 和 ActiveX 的过滤。

(5)支持 ICMP 差错报文检测，可以根据 ICMP 差错报文中携带的连接信息，决定是否丢弃该 ICMP 报文。

(6)支持 TCP 连接首包检测，通过检测 TCP 连接的首报文是否 SYN 报文，决定是否丢弃该报文。

(7)提供了增强的会话日志和调试跟踪功能，可以对所有的连接进行记录，可以针对不同的应用协议实现对连接状态的跟踪与调试。

可见，ASPF 技术不仅弥补了包过滤防火墙应用的缺陷，提供针对应用层的报文过滤，而且还具有多种增强的安全特性，是一种智能的高级过滤技术。

(二)ASPF 实现协议检测

UDP 检测。UDP 协议没有状态的概念，ASPF 的 UDP 检测是指针对 UDP 连接的地址和端口进行的检测。UDP 检测是其他基于 UDP 的应用协议检测的基础。

UDP 检测的具体过程为，当 ASPF 检测到 UDP 连接发起方的第一个数据报时，ASPF 开始维护此连接的信息。当 ASPF 收到接收者回送的 UDP 数据报时，此连接才能建立，其他与此连接无关的报文则被阻断或丢弃。

ASPF 实现 UDP 协议检测，ASPF 对 UDP 报文的地址和端口进行检测，在 UDP 连接建立过程中，来自其他地址或端口的 UDP 报文将会被防火墙丢弃。

由于 UDP 是无连接的报文，但 ASPF 是基于连接的，检测过程是通过对 UDP 报文的源 IP 地址、目的 IP 地址、端口进行检查，通过判断该报文是否与所设定的时间段内的其他 UDP 报文相类似，而近似判断是否存在一个连接。

ASPF 使防火墙能够支持一个控制连接上存在多个数据连接的协议，同时还可以非常方便地制定各种安全策略。ASPF 监听每一个应用使用的每一个端口，打开合适的通道让会话中的数据能够出入防火墙，在会话结束时关闭该通道，从而能够对使用动态端口的应用实施有效的访问控制。

(三)多通道协议

在数据通信中，通道协议分为以下两种。

(1)单通道协议：通信过程中只需占用一个端口的协议。

(2)多通道协议：通信过程中需占两个或两个以上端口的协议。如 FTP 被动模式下需占用 21 端口和一个随机端口。

大多数多媒体应用协议使用约定的固定端口来初始化一个控制连接，再动态地选择端口用于数据传输。端口的选择是不可预测的，其中某些应用甚至可能要同时用到多个端口。传统的包过滤防火墙可以通过配置访问控制列表(ACL)过滤规则匹配单通道协议的应用传输，保障内部网不受攻击，但只能阻止使用固定端口的应用，无法匹配使用协商出随机端口传输数据的多通道协议应用，留下了许多安全隐患。

(四)应用层状态检测和多通道检测

基于应用的状态检测技术是一种基于应用连接的报文状态检测机制。ASPF 通过创建连接状态表来维护一个连接某一时刻所处的状态信息，并依据该连接的当前状态来匹配后续的报文。

除了可以对应用协议的状态进行检测外，ASPF 还支持对应用连接协商的数据通道进行解析和记录，用于匹配后续数据通道的报文。比如，部分多媒体应用协议和 FTP 协议会先使用约定的端口来初始化一个控制连接，然后再动态选择用于数据传输的端口。包过滤防火墙无法检测到动态端口上进行的连接，而 ASPF 则能够解析并记录每一个应用的连接所使用的端口，并建立动态防火墙过滤规则让应用连接的数据通过，在数据连接结束时则删除该动态过滤规则，从而对使用动态端口的应用连接实现有效的访问控制。

第二节　入侵检测技术

随着黑客攻击技术的日渐高明，系统暴露出来的漏洞也越来越多，传统的操作系统加固技术和防火墙技术等都是静态的安全防御技术，对网络环境下日新月异的攻击手段缺乏主动的反应，越来越不能满足现有系统对安全性的要求，网络安全需要纵深的、多层次的安全措施。

入侵检测技术是继防火墙等传统安全保护措施后新一代的安全保障技术。对计算机和网络资源上的恶意使用行为进行识别和响应，不仅检测来自外部的入侵行为，同时也监督内部用户的未授权活动。入侵检测技术是一种主动保护自己的网络和系统免受非法攻击的网络安全技术，它从计算机系统或者网络中收集、分析信息，检测任何企图破坏计算机资源的完整性、机密性和可用性的行为，即查看是否有违反安全策略的行为和遭到攻击的迹象，并做出相应的反应。

入侵检测系统（IDS）是一套运用入侵检测技术对计算机或网络资源进行实时检测的系统工具。一方面，IDS 检测未经授权的对象对系统的入侵；另一方面它还监视授权对象对系统资源的非法操作。[①]

---

① 常娥，邵小红．信息化时代计算机网络安全防护技术[J]．技术与市场，2016(6)：133，135.

一、入侵检测系统

(一)入侵检测系统概述

随着网络安全技术的发展,入侵检测系统会在整个网络安全体系中占越来越重要的地位。作为一种积极主动的安全防护技术,入侵检测提供了对内部攻击、外部攻击和误操作的实时保护,在网络系统受到危害之前拦截和响应入侵。从网络安全立体纵深、多层次防护的角度出发,入侵检测受到了人们的高度重视。

1. 入侵检测

入侵检测是指通过对行为、安全日志或审计数据以及其他网络上可以获得的信息进行操作,检测对系统的闯入或闯入的企图。入侵检测技术是一种动态的网络检测技术,主要用于识别对计算机和网络资源的恶意使用行为,包括来自外部用户的入侵行为和内部用户的未经授权的活动。一旦发现网络入侵现象,则能快速做出反应。对于正在进行的网络攻击,则采取适当的方法来阻断攻击(与防火墙联动),以减少系统损失。对于已经发生的网络攻击,则通过分析日志记录找到发生攻击的原因和入侵者的踪迹,作为增强网络系统安全性和追究入侵者法律责任的依据。入侵检测从计算机网络系统中的若干关键点收集信息,并分析这些信息,查看网络中是否有违反安全策略的行为和遭到袭击的迹象。入侵检测系统由入侵检测的软件与硬件组合而成,是防火墙之后的第二道安全门,在不影响网络性能的情况下能对网络进行监测,提供对内部攻击、外部攻击和误操作的实时保护,它的主要任务如下:

(1)监视、分析用户及系统活动。

(2)对系统构造和弱点进行审计。

(3)识别反映已知进攻的活动模式,管理人员对异常行为模式报警和统计分析。

(4)评估重要系统和数据文件的完整性。

(5)对操作系统进行审计跟踪管理,识别用户违反安全策略的行为。

2.入侵检测系统的作用

IDS作为一种积极主动的安全防护工具，提供了对内部攻击、外部攻击和误操作的实时防护，在计算机网络和系统受到危害之前进行报警、拦截和响应。它具有以下主要作用。

(1)通过检测和记录网络中的安全违规行为，惩罚网络犯罪，防止网络入侵事件的发生。

(2)检测其他安全措施未能阻止的攻击或安全违规行为。

(3)检测黑客在攻击前的探测行为，预先给管理员发出警报。

(4)报告计算机系统或网络中存在的安全威胁。

(5)提供有关攻击的信息，帮助管理员诊断网络中存在的安全弱点，利于其进行修补。

(6)在大型、复杂的计算机网络中布置入侵检测系统，可以提高网络安全管理的质量。

对一个成功的入侵检测系统来讲，它不但可以使系统管理员时刻了解网络系统(包括程序、文件、硬件设备等)的任何变更，还能给网络安全策略的制定提供指南。入侵检测的规模还应根据网络威胁、系统构造和安全需求的改变而改变，即必须能够适用多种不同的环境。入侵检测系统在发现攻击后，应及时做出响应，包括切断网络连接、记录事件、报警等。更为重要的一点是，它应该易于管理和配置，从而使非专业人员能非常容易地获得网络安全。

(二)入侵检测系统模型

美国国防部高级研究计划局赞助研究了公共入侵检测框架(CIDF)。CIDF阐述了一个入侵检测系统的通用模型。

一个入侵检测系统的组件有：事件产生器、事件分析器、响应单元、事件数据库。

事件产生器的作用是从整个计算环境中获得事件，并向系统的其他部分提供此事件。事件分析器经过分析得到数据，并产生分析结果。响应单元是对分析结果做出反应的功能单元，它可以做出切断连接、改变文件属性等强烈反应,也可以只是简单的报警。事件数据库是存放各种中间和最终数据的地方的统称,它可以是复杂的数据库,也可以是简单的文本文件。

CIDF 概括了 IDS 的功能,并进行了合理地划分。利用这个模型可以描述现有的各种 IDS 的系统结构,对 IDS 的设计及实现提供了有价值的指导。

通过 CIDF 模型,可以知道入侵检测过程分为三步:信息收集、信息分析和结果处理。

1. 信息收集

即从入侵检测系统的信息源中收集信息,收集内容包括系统、网络、数据及用户活动的状态和行为等。例如系统日志文件、网络流量及非正常的程序执行等。入侵检测在很大程度上依赖于所收集信息的可靠性和正确性。

2. 信息分析

经过第一步的信息收集,会发现其中大部分信息都是正常状态的信息,而只有少部分信息可能是入侵行为的发生。因此,要从大量的信息中找到异常的入侵行为,就需要对这些信息进行处理。信息分析是入侵检测的核心环节。信息分析的方法有很多,如模式匹配、统计分析等。

3. 结果处理

当一个攻击企图或事件被检测到后,入侵检测系统按照预先定义的响应方式采取相应的措施。常见的响应方式有切断用户连接、终止攻击、记录事件日志或向安全管理员发出提示性的电子邮件等。

(三)入侵检测系统的分类

通过对现有的入侵检测系统和入侵检测技术的研究,可以从以下几个方面对入侵检测系统进行分类。

1. 根据检测原理分类

(1)异常入侵检测

异常入侵检测是指能够根据异常行为和使用计算机资源的情况检测

入侵。基于异常检测的入侵检测，首先，要构建用户正常行为的统计模型；其次，将当前行为与正常行为特征相比较来检测入侵。常用的异常检测技术有概率统计法和神经网络法两种。

(2)误用入侵检测

误用入侵检测是通过将收集到的数据与预先确定的特征知识库里的各种攻击模式进行比较，如果发现有攻击特征，则判断有攻击。此方法完全依靠特征库来做出判断，所以不能判断未知攻击。常用的误用检测技术有专家系统、模型推理和状态转换分析。

2.根据体系结构分类

(1)集中式

集中式入侵检测系统包含多个分布于不同主机上的审计程序，但只有一个中央入侵检测服务器，审计程序把收集到的数据发送给中央服务器进行分析处理。这种结构的入侵检测系统在可伸缩性、可配置性方面存在致命缺陷。随着网络规模的增大，主机审计程序和服务器之间传送的数据量激增，会导致网络性能大幅降低，且一旦中央服务器出现故障，整个系统就会陷入瘫痪。此外，根据各个主机不同需求配置服务器也非常复杂。

(2)等级式

在等级式(部分分布式)入侵检测系统中，定义了若干个分等级的监控区域，每个入侵检测系统负责一个区域，每一级入侵检测系统只负责分析所监控的区域，然后将当地的分析结果传送给上一级入侵检测系统。这种结构存在的问题有：首先，当网络拓扑结构改变时，区域分析结果的汇总机制也需要做出相应的调整；其次，这种结构的入侵检测系统最终还是要把收集到的结果传送到最高级的检测服务器进行全局分析，所以系统的安全性并没有实质性的改进。

(3)协作式

协作式入侵检测系统将中央检测服务器的任务分配给多个基于主机的入侵检测系统，这些入侵检测系统不分等级，各司其职，负责监控当地主机的某些活动,因此可伸缩性、安全性都得到了显著的提高,但维护成本也相应增加,并且增加了所监控主机的工作负荷,如通信机制、审计开销、踪迹分析等。

3.根据工作方式分类

(1)离线检测

离线检测系统是一种非实时工作的系统,在事件发生后分析审计事件,从中检查入侵事件。这类系统的成本低,可以分析大量事件,调查长期情况,但由于是事后进行的,不能对系统提供及时的保护,而且很多入侵在完成后会删除相应的日志,因而无法进行审计。

(2)在线检测

在线检测是对网络数据包或主机的审计事件进行实时分析,可以快速响应,保护系统安全,但在系统规模较大时难以保证实时性。

(四)入侵检测系统的功能

入侵检测系统能在入侵攻击对系统发生危害前检测到入侵攻击,并利用报警与防护系统驱逐入侵攻击。在入侵攻击过程中,尽可能减少入侵攻击所造成的损失,在被攻击后,能收集入侵攻击的相关信息,作为防范系统的知识添加到知识库中,从而增强系统的防范能力。入侵检测系统 IDS 的功能如下:

(1)监控、分析用户和系统的活动。这是完成入侵检测任务的前提条件。通过获取进出某台主机及整个网络的数据,来监控用户和系统的活动,最直接的方法就是抓包,将数据流中的所有包都抓下来进行分析。如果入侵检测系统不能实时地截获数据包并进行分析,那么就会出现漏包或网络阻塞的现象。前者会出现很多漏包,后者会影响网络中数据流速从而影响性能。所以,入侵检测系统不仅要能够监控、分析用户和系统的活动,同时它自己的分析处理速度要快。

(2)发现入侵企图或异常现象。这是入侵检测的核心功能。包括两个方面:一是对进出网络的数据流进行监控,查看是否存在入侵行为;二是评估系统关键资源和数据文件的完整性,查看是否已经遭受了入侵行为。前者是作为预防,后者是用来吸取经验以免下次再遭攻击。

(3)记录、报警和响应。识别并反映已知攻击的活动模式,向管理员报警,并且能够实时对检测到的入侵行为做出有效反应。

(4)对异常行为模式进行统计分析,总结入侵行为的规律。

(5)评估重要系统和数据文件的完整性。

(6)对操作系统进行审计跟踪管理,识别用户违反安全策略的行为。

(五)入侵检测系统的性能指标

衡量入侵检测系统的两个最基本指标为检测率和误报率,二者分别从正、反两方面表明检测系统的检测准确性。实用的入侵检测系统应尽可能地提高系统的检测率而降低误报率,但在实际的检测系统中这两个指标存在一定的冲突,应根据具体的应用环境折中考虑。除检测率和误报率外,在实际设计和实现具体的入侵检测系统时还应考虑以下几个方面。

(1)操作方便性:训练阶段的数据量需求少(支持系统行为的自学习等)、自动化训练(支持参数的自动调整等),在响应阶段提供多种自动化的响应措施。

(2)抗攻击能力:能够抵抗攻击者修改或关闭入侵检测系统。当攻击者知道系统中存在入侵检测时,很可能会先对入侵检测系统进行攻击,为攻击系统扫平障碍。

(3)系统开销小,对宿主系统的影响尽可能小。

(4)可扩展性:入侵检测系统在规模上具有可扩展性,可适用于大型网络环境。

(5)自适应、自学习能力:应能根据使用环境的变化自动调整有关阈值和参数,以提高检测的准确性;应具有自学习能力,能够自动学习新的攻击特征,并更新攻击签名库。

(6)实时性:指检测系统能及早发现和识别入侵,以尽快隔离或阻止攻击,减少造成的破坏。

二、入侵检测技术

入侵检测系统根据入侵检测的行为分为两种模式:异常入侵检测和误用入侵检测。异常入侵检测先要建立一个系统访问正常行为的模型,凡是访问者不符合这个模型的行为将被认定为入侵。误用入侵检测则相反,先要将所有可能发生的不利的不可接受的行为归纳建立一个模型,凡是访问者符合这个模型的行为将被断定为入侵。

(一)异常入侵检测

异常入侵检测是入侵检测系统研究的重点,其特点是通过对系统异常行为进行检测,可以发现未知的攻击模式。基于异常的入侵检测方法主要来源这样的思想,任何人的正常行为都是有一定规律的,并且可以通过分析这些行为的日志信息总结出这些规律,而入侵和滥用行为规则通常和正常的行为存在严重的差异,通过检查这些差异就可以判断是否为入侵,如 CPU 利用率、缓存剩余空间、用户使用计算机的习惯等。

异常监测系统首先经过一个学习阶段,总结正常的行为的轮廓成为自己的先验知识,系统运行时将信息采集子系统获得并预处理后的数据与正常行为模式比较。如果差异不超出预设阈值,则认为是正常的;出现较大差异即超过阈值则判定为入侵。

常用的异常入侵检测技术有基于统计分析技术的入侵检测、基于模式预测的异常检测、基于神经网络技术的入侵检测、基于机器学习的异常检测、基于数据挖掘的异常检测等。

1. 基于统计分析技术的入侵检测

统计异常入侵检测的方法是根据检测器观察主体的活动,利用统计分析技术,基于历史数据建立一个对应正常活动的特征模式,这些用在模式中的数据包括与正常活动相关的数据,同时,模式被周期性更新。模式反映了系统的长期的统计特征。

然后把与所建立的特征原型中差别很大的所有行为都标志为异常。显而易见,当入侵集合与异常活动集合不完全相等时,一定会存在漏报或者误报的问题，为了使漏报和误报的概率较为符合实际需要，必须选择一个区分异常事件的阈值，而调整和更新某些系统特征度量值的方法非常复杂，开销巨大，在实际情况下，试图用逻辑方法明确划分正常行为和异常行为两个集合非常困难，统计手段的主要优点是可以自适应学习用户的行为。①

2.基于模式预测的异常检测

基于模式预测异常检测方法的假设条件是：事件序列不是随机的，而是遵循可辨别的模式，这种检测方法的特点是考虑了事件的序列和相互关系。而基于时间的推理方法则利用时间规则识别用户行为正常模式的特征，通过归纳学习产生这些规则集，能动态修改系统中的规则，使之具有较高的预测性、准确性和可信度。如果规则大部分时间是正确的，并能够成功运用预测所观察到的数据，那么规则就具有较高的可信度，根据观察到用户的行为，归纳产生出一套规则集来构建用户的轮廓框架。如果观测到的事件序列匹配规则，而后续事件显著的背离根据规则预测到的事件，那么系统就可以检测出这种偏离，这就表明用户操作是异常。这种方法的主要优点如下：

(1)能较好地处理变化多样的用户行为，具有很强的时序模式。

(2)能够集中考察少数几个相关的安全事件，而不是关注可疑的整个登录会话过程。

(3)对发现检测系统遭受攻击具有良好的灵敏度，根据规则的蕴含语义，在系统学习阶段，能够更容易辨别出欺骗者训练系统的企图。

预测模式生成技术的问题在于未被这些规则描述的入侵会被漏检。

3.基于神经网络技术的入侵检测

神经网络算法是利用一个包含很多计算单元的网络来完成复杂的映射函数，这些单元通过使用加权的连接互相作用。一个神经网络根据单元和它们的权值连接编码成网格结构，实际的学习过程是通过改变权值和加入或移去连接进行的。神经网络处理分成两个阶段：首先，通过正常

① 张长华.局域网环境下计算机网络安全防护技术应用研究[J].才智，2020(12)：12.

系统行为对该网络进行训练，调整其结构和权值；其次，通过正常系统行为对该网络进行训练，由此判别这些事件流是正常还是异常的。同时，系统也可以利用这些观测到的数据进行训练，从而使网络可以学习系统行为的一些变化。

基于神经网络的异常检测的优点是能够很好地处理噪声数据，对训练数据的统计分布不做任何假定，且不用考虑如何选择特征参量的问题，很容易适应新的用户。

4.基于数据挖掘的异常检测

数据挖掘，也称知识发现。通常记录系统运行日志的数据库都非常大，如何从大量数据中“浓缩”出一个值或者一组值来表示对象的概貌，并以此进行行为的异常分析和检测，这就是数据挖掘技术在入侵检测系统的应用，数据挖掘中一般会用到数据分类技术。

基于数据挖掘的异常检测以数据为中心，入侵检测被看成一个数据的分析过程。利用数据挖掘的方法从审计数据或数据流中提取出感兴趣的知识，这些知识是隐含的、事先未知的信息，提取的知识表示为概念、规则、规律、模式等形式，并用这些知识去检测异常入侵和已知的入侵。

数据挖掘从存储的大量数据中识别出有效的、具有潜在用途及最终可以理解的知识。数据挖掘算法多种多样，主要有下面几种。

(1)分类算法

分类算法是将一个数据集合映射成预先定义好的若干类别。这类算法的输出结果是分类器，它可以用规则集或决策树的形式表示。利用该算法进行入侵检测的过程是先收集有关用户或应用程序的正常和非正常的审计数据，然后应用分类算法得到规则集，并使用这些规则集来预测新的审计数据是属于正常行为还是异常行为。

(2)关联分析算法

关联分析算法决定数据库记录中各数据项之间的关系，利用审计数据中各数据项之间的关系作为构造用户正常使用模式的基础。

(3)序列分析算法

序列分析算法是通过获取数据库记录的事件窗口中的关系，试图发现审计数据中的一些经常以某种规律出现的事件序列模式，这些频繁发生的事件序列模式有助于在构造入侵检测模型时选择有效的统计特征。

其他的异常检测方法还包括基于贝叶斯网络的异常检测、基于机器学习的异常检测等。

(二)误用检测

误用检测是对已知系统和应用软件的弱点进行入侵建模，从而对观测到的用户行为和资源使用情况进行模式匹配而达到检测的目的。误用检测的主要假设是入侵活动能够被精确地按照某种方式进行编码，并可以识别基于同一弱点进行攻击的入侵方法的变种。

1.基于状态转移分析的误用检测

状态转移分析系统利用有限状态自动机来模拟入侵，入侵由从初始系统状态到入侵状态的一系列动作组成，初始状态代表着入侵执行前的状态，入侵状态代表着入侵完成时的状态。系统状态根据系统属性和用户权利进行描述，转换则由一个用户动作驱动。每个事件都运用于有限状态自动机的实例中，如果某个自动机到达了它的最终状态，即接受了事件，则表明该事件为攻击。这种方法的优点是能检测出合作攻击以及时间跨度很大的缓慢攻击。

2.基于专家系统的误用检测

将安全专家的知识表示成规则知识库，然后用推理算法检测入侵。用专家系统对入侵进行检测，经常是针对有特征的入侵行为。这种方法能把系统的控制推理从问题解决的描述中分离出去。它的不足之处是不能处理不确定性，没有提供对连续有序数据的处理方法，另外建立一个完备的知识库对于一个大型网络系统来说往往是不可能的，且如何根据审计记录中的事件提取状态行为与语言环境也是比较困难的。

3.基于遗传算法的误用检测

遗传算法就是寻找最佳匹配所观测到的事件流的已知攻击的组合，该组合表示为一个向量，向量中每一个元素表示某一种攻击的出现。向量值是按照与各个攻击有关的程度和二次函数而逐步演化得到的，同时在每一轮演化中，当前向量会进行变异和重新测试，这样就将误肯定性和误否定性错误的概率降到零。

异常检测技术和误用检测技术两种模式的安全策略是完全不同的,而且它们各有优势和劣势:异常检测的漏报率很低,但是不符合正常行为模式的行为并不见得就是恶意攻击,因此这种策略误报率较高;误用入侵检测由于直接匹配比对异常的不可接受的行为模式,因此误报率较低,但恶意行为千变万化,可能没有被收集在行为模式库中,因此漏报率就很高。这就要求用户必须根据本系统的特点和安全要求来制定策略,选择行为检测模式。现在用户都采取两种模式相结合的策略。

三、入侵检测系统及发展方向

目前应用在入侵检测上的技术有很多,入侵检测系统的分类也是各种各样。按入侵检测所监测的数据源可以分为基于主机的入侵检测系统(HIDS)、基于网络的入侵检测系统(NIDS)和分布式入侵检测系统(HDIDS)三类。

(一)基于主机的入侵检测系统

基于主机的入侵检测系统(HIDS)出现在20世纪80年代初期,那时网络规模还比较小,而且网络之间也没有完全互联。在这样的环境里,检查可疑行为的审计记录相对比较容易,况且在当时入侵行为非常少,通过对攻击的事后分析就可以防止随后的攻击。主机入侵检测系统检测的目标主要是主机系统和本地用户。检测原理是在每个需要保护的端系统(主机)上运行代理程序,以主机的审计数据、系统日志、应用程序日志等为数据源,主要对主机的网络实时连接以及主机文件进行分析和判断,发现可疑事件并做出响应。

目前HIDS仍使用审计记录,主机能自动进行检测,而且能准确及时响应。通常,HIDS监视分析系统、事件和安全记录。例如,当有文件发生变化时,HIDS将新的记录条目与攻击标记相比较,看其是否匹配,如果不匹配系统就会向管理员报警。在HIDS中,对关键的系统文件和可执行文件的入侵检测是主要内容之一,通常进行定期检查和校验,以便发现异常变化。此外,大多数HIDS产品都监听端口的活动,在特定端口被访问时向管理员报警。

1. HIDS 的结构

基于主机的入侵检测系统通常有两种结构:集中式结构和分布式结构。集中式结构是指主机入侵检测系统将收集到的所有数据发送到一个中心位置(如控制台),然后再进行集中分析。而分布式结构是指数据分析是由每台主机单独进行的,每台主机对自身收集到的数据进行分析,并向控制台发送报警信息。

采用集中式结构时,入侵检测系统所在的主机的性能将不会受到很大的影响。但是,要注意的是,由于入侵检测系统收集的数据要先送到控制台,然后再进行分析,这样将不能保证报警信息的实时性。

2. HIDS 分类

按照检测对象的不同,基于主机的入侵检测系统可以分为网络连接检测和主机文件检测两类。

(1)网络连接检测

网络连接检测是对试图进入该主机的数据流进行检测,分析确定是否有入侵行为,避免或减少这些数据流进入主机系统后造成损害。

网络连接检测可以有效地检测出是否存在攻击探测行为,攻击探测几乎是所有攻击行为的前奏。系统管理员可以设置好访问控制表,其中包括容易受到攻击探测的网络服务,并且为它们设置好访问权限。如果入侵检测系统发现有用户对未开放的服务端口进行网络连接,说明有人在寻找系统漏洞,这些探测行为就会被入侵检测系统记录下来,同时这种未经授权的连接也会被拒绝。

(2)主机文件检测

通常入侵行为会在主机的各种相关文件中留下痕迹,主机文件检测能够帮助系统管理员发现入侵行为或入侵企图,及时采取补救措施。

主机文件检测的检测对象主要包括以下几种。

①系统日志。系统日志文件中记录了各种类型的信息,包括各用户的行为记录。如果日志文件中存在异常的记录,就可以认为已经发生或正在发生网络入侵行为。这些异常包括不正常的反复登录失败记录、未

授权用户越权访问重要文件、非正常登录行为等。

②文件系统。恶意的网络攻击者会修改网络主机上包含重要信息的各种数据文件,他们可能会删除或者替换某些文件,或者尽量修改各种日志记录来销毁他们的攻击行为可能留下的痕迹。如果入侵检测系统发现文件系统发生了异常的改变,例如,一些受限访问的目录或文件被非正常地创建、修改或删除,就可以怀疑发生了网络入侵行为。

③进程记录。主机系统中运行着各种不同的应用程序,包括各种服务程序。每个执行中的程序都包含了一个或多个进程。每个进程都存在于特定的系统环境中,能够访问有限的系统资源、数据文件等,或者与特定的进程进行通信。黑客可能将程序的进程分解,致使程序终止,或者令程序执行违背系统用户意图的操作。如果入侵检测系统发现某个进程存在着异常的行为,就可以怀疑发生了网络入侵行为。

3. HIDS的优点和缺点

尽管基于主机的入侵检查系统不如基于网络的入侵检查系统快捷,但它具有基于网络的系统无法比拟的优点。这些优点包括更好的辨识分析、对特殊主机事件的紧密关注及低廉的成本。基于主机的入侵检测系统的优点有以下几方面。

(1)确定攻击是否成功

由于基于主机的IDS使用含有已发生事件信息,它们可以比基于网络的IDS更加准确地判断攻击是否成功。在这方面,基于主机的IDS是基于网络的IDS的完美补充,网络部分可以尽早提供警告,主机部分可以确定攻击成功与否。

(2)监视特定的系统活动

基于主机的IDS监视用户和访问文件的活动,包括文件访问、改变文件权限、试图建立新的可执行文件或试图访问特殊的设备。例如,基于主机的IDS可以监督所有用户的登录及下网情况,以及每位用户在连接到网络以后的行为。对于基于网络的检测系统要做到这个程度是非常困难的。基于主机技术还可监视只有管理员才能实施的非正常行为。操作系统记录了任何有关用户账号的增加、删除、更改的情况,只要改动一旦发生,基于主机的IDS就能检测到这种不适当的改动。基于主机的IDS还可设计能影响系统记录的校验措施的改变。基于主机的系统可以监视主要系统文件和可执行文件的改变。系统能够查出那些欲改写重要系统文件或者安装特洛伊木马或后门的尝试并将它们中断。而基于网络的系统有时会查不到这些行为。

(3)能够检查到基于网络的系统检查不出的攻击

基于主机的系统可以检测到那些基于网络的系统察觉不到的攻击。例如,来自主要服务器键盘的攻击不经过网络,所以可以躲开基于网络的入侵检测系统。①

(4)适用被加密的和交换的环境

交换设备可将大型网络分成许多的小型网络部件加以管理,所以从覆盖足够大的网络范围的角度出发,很难确定配置基于网络的IDS的最佳位置。业务映射和交换机上的管理端口有助于此,但有时这些技术并不适用。基于主机的入侵检测系统可安装在所需的重要主机上,在交换的环境中具有更高的能见度。某些加密方式也向基于网络的入侵检测发出了挑战。由于加密方式位于协议堆栈内,所以基于网络的系统可能对某些攻击没有反应。基于主机的IDS没有这方面的限制,当操作系统及基于主机的系统看到即将到来的业务时,数据流就已经被解密了。

(5)接近实时的检测和响应

尽管基于主机的入侵检测系统不能提供真正实时的反应,但如果应用正确,反应速度可以非常接近实时。传统系统利用一个进程在预先定义的间隔内检查登记文件的状态和内容,与老式系统不同,当前基于主机的系统的中断指令,新的记录可被立即处理,显著减少了从攻击验证到做出响应的时间。在从操作系统做出记录到基于主机的系统得到辨识结果之间的这段时间是一段延迟,但大多数情况下,在破坏发生之前,系统就

① 赵立昊.探究局域网环境下计算机网络安全防护技术应用[J].信息技术时代,2023(1):34—36.

能发现入侵者，并终止其攻击。

(6)不要求额外的硬件设备

基于主机的入侵检测系统存在于现行网络结构之中，包括文件服务器、Web 服务器及其他共享资源，这些使得基于主机的系统效率很高。

(7)记录花费更加低廉

基于网络的入侵检测系统比基于主机的入侵检测系统要昂贵得多。

基于主机的入侵检测系统的缺点有以下几个方面。

(1)主机入侵检测系统安装在需要保护的设备上，如当一个数据库服务器要保护时，就要在服务器上安装入侵检测系统，这会降低应用系统的效率。此外，它也会带来一些额外的安全问题，安装了主机入侵检测系统后，将本不允许安全管理员访问的服务器变成有权限访问。

(2)主机入侵检测系统依赖于服务器固有的日志与监视能力。如果服务器没有配置日志功能，则必须重新配置，这将会给运行中的业务系统带来不可预见的性能影响。

(3)全面部署主机入侵检测系统代价较大，企业很难将所有主机用主机入侵检测系统保护，只能选择部分主机保护。那些未安装主机入侵检测系统的主机将成为保护的盲点，入侵者可利用这些主机达到攻击的目的。

(4)主机入侵检测系统除了监测自身的主机以外，根本不监测网络上的情况。对入侵行为分析的工作量将随着主机数目增加而增加。

(二)基于网络的入侵检测系统

网络入侵检测系统(NIDS)通常利用一个运行在随机模式下的网络适配器来实时检测，并通过分析引擎分析通过网络的所有通信业务。根据网络接口的攻击辨识模块，通常使用四种常用技术来标识攻击标志：模式、表达式或自己匹配，频率或穿越阈值，低级时间的相关性，统计学意义上的非常规现象检测。一旦检测到了攻击行为，IDS 响应模块就提供多种选项以通知、报警并对攻击采取响应的反应。

基于网络的入侵检测系统的优点有以下几方面。

1. 能检测基于主机的系统漏掉的攻击

NIDS检查所有数据包的头部从而能发现恶意的和可疑的信息。HIDS无法查看数据包的头部，所以HIDS无法检测到此类攻击，如来自IP地址的拒绝服务攻击(DoS)只有在经过网络时检查数据包的头部才能被发现。

2. 攻击者不易转移证据

由于NIDS能实时地检测网络通信，所以攻击者无法转移证据。被捕获的数据不仅包括攻击的方法，而且还包括可识别黑客身份和对其进行起诉的信息。

3. 实时检测和响应

NIDS可以在恶意及可疑攻击发生的同时将其检测出来，并做出更快的通知和响应。NIDS不需要改变服务器等主机的配置，也不会影响主机性能。由于这种检测技术不会在业务系统的主机中安装额外的软件，从而不会影响这些机器的CPU、I/O与磁盘等资源的使用，不会影响业务系统的性能。

4. 风险低

由于网络入侵检测系统不像路由器、防火墙等关键设备那样会成为系统中的一个关键路径，所以网络入侵检测系统发生故障时不会影响正常业务的运行。

5. 配置简单

网络入侵检测系统近年来有向专用设备发展的趋势，安装这样的一个网络入侵检测系统非常方便，只需将定制的设备接上电源，做很少的配置，将其连到网络即可。

(三)分布式入侵检测系统

分布式入侵检测系统(DIDS)综合了基于主机和基于网络的IDS的功能。DIDS的分布性表现在两个方面：首先，数据包过滤的工作由分布在各网络设备(包括联网主机)上的探测代理完成；其次，探测代理认为可疑的数据包将根据其类型交给专用的分析层设备处理。各探测代理不仅实现信息过滤，同时对所在系统进行监视，而分析层和管理层则可对全局信息进行关联性分析。不仅对网络信息进行分流，同时也提高检测速度，解决检测效率低的问题，增加了分布式入侵检测系统本身抗拒服务攻击的能力。

(四)入侵检测系统的发展方向

入侵检测作为一种积极主动的安全防护技术，提供了对内部攻击、外部攻击和误操作的实时保护，使网络系统在受到危害之前进行拦截和响应，为网络安全增加了一道屏障。随着入侵检测的研究与开发，在实际应用中与其他网络管理软件相结合，使网络安全可以从立体纵深、多层次防御出发，形成入侵检测、网络管理、网络监控三位一体化，从而更加有效地保护网络的安全。近年来入侵检测技术有以下几个主要发展方向。

1.分布式入侵检测技术与通用入侵检测技术架构

传统的入侵检测技术一般局限于单一的主机或网络架构，对异构系统及大规模网络的监测明显不足。同时不同的入侵检测系统之间不能协同工作。为解决这一问题，需要分布式入侵检测技术使用通用入侵检测技术架构。CIDF 以构建通用的 IDS 体系结构与通信系统为目标，利用基于图形的入侵检测技术跟踪与分析分布系统入侵，跟踪和电网配电系统实现在大规模的网络与复杂环境中的入侵检测技术。

2.分布式合作引擎、协同式抵抗入侵

随着入侵手段的提高，尤其是分布式、协同式、复杂模式攻击的出现和发展，传统的单一、缺乏协作的入侵检测技术已经不能满足需要，这就要求要有充分的协作机制。分布式信息的合作与协同处理成为 IDS 发展的必然趋势。

3.智能化入侵检测

所谓的智能化方法，即使用智能化的方法与手段来进行入侵检测。现阶段常用的有神经网络、遗传算法、模糊技术、免疫原理等方法，这些方法常用于入侵特征的辨识。较为一致的解决方案，应为常规意义下的入侵检测系统与具有智能检测功能的检测软件或模块的结合使用，并且需

要对智能化的入侵检测技术加以进一步研究以提高其自学习与自适应能力。

4. 全面的安全防御方案

使用安全工程风险管理的思想与各种方法处理网络安全问题，将网络安全作为一个整体工程来处理。从管理制度、网络架构、数据加密、防火墙、病毒防护、入侵检测等多方位对网络做全面的评估，然后设计和实施可行的解决方案。

5. 建立入侵检测技术的评价体系

用户需对众多的入侵检测系统(IDS)进行评价，评价指标包括 IDS 检测技术范围、系统资源占用、IDS 自身的可靠性与鲁棒性，从而设计通用的入侵检测技术测试与评估方法和平台，实现对多种 IDS 的检测技术已成为当前 IDS 的另一重要研究与发展领域。

6. 宽带高速网络的实时入侵检测技术

大量高速网络技术近年来不断出现，在此背景下的各种宽带接入手段层出不穷，如何实现高速网络环境的入侵检测已成为一个现实问题。这需要考虑两个方面。首先，IDS 的软件结构和算法需要重新设计，以适应高速网络的新环境，重点是提高运行速度和效率；其次，随着高速网络技术的不断进步和成熟，新的高速网络协议的设计也成为未来的一个发展趋势。

四、几种典型的入侵检测系统

对入侵检测系统(IDS)的研究从 20 世纪 80 年代就已开始，第一个商业 IDS 也在 1991 年诞生。目前各种入侵检测系统(IDS)研究项目和商业产品的数量极为庞大，下面介绍具有代表性的入侵检测系统、开源的 IDS、商业 IDS。

(一)开放源码的 IDS 项目 Snort

Snort 是一种运行于单机的、基于滥用检测的网络入侵检测系统。Snort 通过 Libpcap 获取网络包，并进行协议分析。它定义了一种简单灵活的网络入侵描述语言,对网络入侵进行描述(入侵特征或入侵信号)。Snort根据入侵描述对网络数据进行匹配和搜索,能够检测到多种网络攻击与侦察,包括缓冲区溢出攻击、端口扫描、CGI攻击、SMB侦察等,并提供了多种攻击响应方式。对于最新的攻击方法,使用Snort的入侵描述语言能够快速方便地写出对新攻击的描述,从而使Snort能够检测到这种攻击。在Internet上已建立了发布Snort入侵模式数据库的站点。Snort是极具活力的自由软件,在世界各地志愿者的开发下,技术和功能在不断提高。

(二)商业产品

国际市场上的主流商业IDS产品大部分为基于网络的,主要有以下两种。

1. RealSecure

RealSecure由互联网安全系统公司(ISS)开发,包括三种系统部件:网络入侵检测Agent、主机入侵检测Agent和管理控制台。RealSecure属于分布式结构,每个网络监视器运行于专用的工作站上,监视不同的网段。RealSecure的入侵检测方法属于滥用检测,几乎能够检测所有的主流攻击方式,并实现了基于主机检测和基于网络检测的无缝集成。对于不同的应用程序如Exchange、SQL、LDAP、Oracle和Sybase等,RealSecure提供了专门的系统代理进行入侵检测。整个系统由一个管理程序进行配置以及与用户交互,可提供安全报告等信息。RealSecure的缺点是无法进行包重组,这使得它容易受到欺骗。RealSecure在七种IDS的评测中得到了最高的评价。

2. NFR

NFR是一种基于滥用检测的网络入侵检测系统。它提供两种版本:商业版和研究版(提供源码)。NFR使用经过修改的Libpcap进行网络抓包,并拥有一套完善的包分析脚本语言N-code,通过它编写对各种攻击的检测及处理程序。NFR是世界上第一种具有TCP包重组功能的IDS产品,这使得NFR能够抵抗Ptacek和Newsham提出的躲避IDS的方法。

五、入侵防御系统

网络信息系统的安全问题是一个十分复杂的问题，涉及技术、管理、使用等许多方面。传统的网络安全防范工具是防火墙，它是一种用来加强网络之间访问控制的特殊网络互联设备，通过对两个或多个网络之间传输的数据包和连接方式按照一定的安全策略进行检查，来决定网络之间的通信是否被允许。入侵检测系统就是依照一定的安全策略，对网络、系统的运行状况进行监视，尽可能发现各种攻击企图、攻击行为或者攻击结果，以保证网络系统资源的机密性、完整性和可用性。与防火墙不同的是，IDS 入侵检测系统是一个旁路监听设备，没有也不需要跨接在任何链路上，无须网络流量流经便可以工作，但 IDS 只能检测到攻击。在这种情况下，入侵防御系统（IPS）应运而生。入侵防御系统（IPS）是一种能够检测已知和未知攻击并能成功阻止攻击的软硬件系统，是网络安全领域为弥补防火墙及入侵检测系统（IDS）的不足而发展起来的一种计算机信息安全技术。

（一）入侵防御系统的概念

入侵防御系统（IPS）是一种安全机制，通过分析网络流量检测入侵（包括缓冲区溢出攻击、木马、蠕虫等），并通过一定的响应方式，实时地终止入侵行为，保护企业信息系统和网络架构免受侵害。

入侵防御是既能发现入侵行为，又能阻止入侵行为的新安全防御技术。通过检测发现网络入侵后，能自动丢弃入侵报文或阻断攻击源，进而从根本上避免攻击行为。入侵防御的主要优势有如下几点。

1. 实时阻断攻击

设备采用直路方式部署在网络中，能够在检测到入侵时，实时对入侵活动和攻击性网络流量进行拦截，把其对网络的入侵程度降到最低。

2. 深层防护

由于新型的攻击都隐藏在 TCP/IP 协议的应用层里，入侵防御能检测报文应用层的内容,还可以对网络数据流重组进行协议分析和检测,并根据攻击类型、策略等来确定哪些流量应该被拦截。

3. 全方位防护

入侵防御可以提供针对蠕虫、病毒、木马、僵尸网络、间谍软件、广告软件、CGI攻击、跨站脚本攻击、注入攻击、目录遍历、信息泄露、远程文件(包含攻击、溢出攻击、代码执行、拒绝服务、扫描工具、后门等)攻击的防护措施,全方位防御各种攻击,保护网络安全。

4. 内外兼防

入侵防御不但可以防止来自企业外部的攻击,还可以防止企业内部的攻击。系统对经过的流量都可以进行检测,既可以对服务器进行防护,也可以对客户端进行防护。①

5. 不断升级,精准防护

入侵防御特征库会持续更新,以保持最高水平的安全性。

入侵防御系统(IPS)与入侵检测系统(IDS)的区别如下:

IDS对那些异常的、可能是入侵行为的数据进行检测和报警,告知使用者网络中的实时状况,并提供相应的解决方法,是一种侧重风险管理的安全功能。而入侵防御是对那些被明确判断为攻击行为,会对网络、数据造成危害的恶意行为进行检测,并实时终止,降低或减免使用者对异常状况的处理资源开销,是一种侧重风险控制的安全功能。

入侵防御系统在传统IDS的基础上增加了强大的防御功能,传统IDS很难对基于应用层的攻击进行预防和阻止,入侵防御设备能够有效防御应用层攻击。

由于重要数据夹杂在过多的一般性数据中,IDS很容易忽视真正的攻击,误报和漏报率居高不下,日志和告警过多。而IPS则可以对报文层层剥离,进行协议识别和报文解析,对解析后的报文分类并进行专业的特征匹配,保证了检测的精确性。

---

① 许淏琳.计算机网络安全防护技术探究[J].电脑迷,2017(1):44.

IDS设备只能被动检测保护目标遭到何种攻击。为阻止进一步攻击行为，它只能通过响应机制报告给防火墙，由防火墙来阻断攻击。IPS是一种主动积极的入侵防范阻止系统，检测到攻击企图时会自动将攻击包丢掉或将攻击源阻断，有效地实现了主动防御功能。

（二）入侵防御系统的分类

入侵防御系统（IPS）根据部署方式可分为三类：基于主机的入侵防御系统（HIPS）、基于网络的入侵防御系统（NIPS）、应用入侵防御系统（AIPS）。

1. 基于主机的入侵防御系统（HIPS）

HIPS通过在主机/服务器上安装软件代理程序，防止网络攻击入侵操作系统以及应用程序。基于主机的入侵防御能够保护服务器的安全弱点不被黑客利用。基于主机的入侵防御技术可以根据自定义的安全策略以及分析学习机制来阻断对服务器、主机发起的恶意入侵。HIPS可以阻断缓冲区溢出、改变登录口令、改写动态链接库以及其他试图从操作系统夺取控制权的入侵行为，整体提升主机的安全水平。

在技术上，HIPS采用独特的服务器保护途径，利用由包过滤、状态包检测和实时入侵检测组成分层防护体系。这种体系能够在提供合理吞吐率的前提下，最大限度地保护服务器的敏感内容，既可以以软件形式嵌入应用程序对操作系统的调用当中，通过拦截针对操作系统的可疑调用，提供对主机的安全防护，也可以以更改操作系统内核程序的方式提供比操作系统更加严谨的安全控制机制。

由于HIPS工作在受保护的主机/服务器上，因此它不但能够利用特征和行为规则检测，阻止诸如缓冲区溢出之类的已知攻击，还能够防范未知攻击，防止针对Web页面、应用和资源的未授权的任何非法访问。HIPS与具体的主机/服务器操作系统平台紧密相关，不同的平台需要不同的软件代理程序。

2. 基于网络的入侵防御系统（NIPS）

NIPS通过检测流经的网络流量，提供对网络系统的安全保护。由于它采用在线连接方式，所以一旦辨识出入侵行为，NIPS就可以去除整个网络会话，而不仅仅是复位会话。由于实时在线，NIPS需要具备很高的性能，以免成为网络的瓶颈，因此NIPS通常被设计成类似交换机的网络设备，提供线速吞吐速率以及多个网络端口。

NIPS必须基于特定的硬件平台，才能实现千兆级网络流量的深度数据包检测和阻断功能。这种特定的硬件平台通常可以分为三类：第一类是网络处理器（网络芯片）；第二类是专用的FPGA编程芯片；第三类是专用的ASIC芯片。

在技术上，NIPS吸取了目前NIDS所有的成熟技术，包括特征匹配、协议分析和异常检测。特征匹配是最广泛应用的技术，具有准确率高、速度快的特点。基于状态的特征匹配不但检测攻击行为的特征，还要检查当前网络的会话状态，避免受到欺骗攻击。

协议分析是一种入侵检测技术，它充分利用网络协议的高度有序性，并结合高速数据包捕捉和协议分析，来快速检测某种攻击特征。协议分析正在逐渐进入成熟应用阶段。协议分析能够理解不同协议的工作原理，以此分析这些协议的数据包，来寻找可疑或不正常的访问行为。协议分析不仅仅基于协议标准（如RFC），还基于协议的具体实现，这是因为很多协议的实现偏离了协议标准。通过协议分析，IPS能够针对插入与规避攻击进行检测。由于异常检测的误报率比较高，NIPS不将其作为主要技术。

3. 应用入侵防御系统（AIPS）

NIPS产品有一个特例，它把基于主机的入侵防御扩展成为位于应用服务器之前的网络设备。AIPS被设计成一种高性能的设备，配置在应用数据的网络链路上，以确保用户遵守设定好的安全策略，保护服务器的安全。

AIPS部署在应用服务器之前，通过AIPS的安全策略来防止基于应用层协议漏洞和设计缺陷的恶意攻击。

(三)入侵防御系统的工作原理

入侵防御系统(IPS)实现实时检查和阻止入侵的原理在于IPS拥有数目众多的过滤器,能够防止各种攻击。当新的攻击手段被发现之后,IPS就会创建一个新的过滤器。IPS数据包处理引擎是专业化定制的集成电路,可以深层检查数据包的内容。如果有攻击者利用第二层(介质访问控制层)至第七层(应用层)的漏洞发起攻击,IPS能够从数据流中检测出这些攻击并加以阻止。传统的防火墙只能对第三层或第四层进行检查,不能检测应用层的内容。防火墙的包过滤技术不会针对每一字节进行检查,因而也就无法发现攻击活动,而IPS可以做到逐一字节地检查数据包。所有流经IPS的数据包都被分类,分类的依据是数据包中的报头信息,如源IP地址和目的IP地址、端口号和应用域。每种过滤器负责分析相对应的数据包。通过检查的数据包可以继续前进,包含恶意内容的数据包就会被丢弃,被怀疑的数据包则需要接受进一步的检查。

针对不同的攻击行为,IPS需要不同的过滤器。每种过滤器都设有相应的过滤规则,为了确保准确性,这些规则的定义非常广泛。在对传输内容进行分类时,过滤引擎还需要参照数据包的信息参数,并将其解析到一个有意义的域中进行上下文分析,以提高过滤准确性。

过滤器引擎集合了大规模并行处理硬件,能够同时执行数千次的数据包过滤检查。并行过滤处理可以确保数据包能够不间断地快速通过系统,不会对速度造成影响。这种硬件加速技术对于IPS具有重要意义,因为传统的软件解决方案必须串行进行过滤检查,会导致系统性能大打折扣。

(四)入侵防御系统的功能、检测方法和性能扩展

1. IPS的功能

入侵防御系统(IPS)作为串接部署的设备,重点是确保用户业务不受影响。错误的阻断必定意味着影响正常业务,在错误阻断的情况下,各种扩展功能、高性能都是一句空话。这就引出了IPS设备所应该关心的重点——精确阻断,即精确判断各种深层的攻击行为,并实现实时阻断。

精确阻断解决了自IPS概念出现以来用户和厂商的最大困惑:如何确保IPS无误报和滥报,使得串接设备不会形成新的网络故障点。而作为一款防御入侵攻击的设备,毫无疑问,防御各种深层入侵行为是第二个重点,这是IPS系统区别于其他安全产品的本质特点,也给精确阻断加上了一个修饰语:保障深层防御情况下的精确阻断,即在确保精确阻断的基础上尽量多地发现攻击行为(如SQL注入攻击、缓冲区溢出攻击、恶意代码攻击、后门、木马、间谍软件)是IPS发展的主线功能。

2. IPS检测方法

大多数入侵防御系统利用以下三种检测方法之一。

(1)基于签名的检测:基于签名的IDS监视网络中的数据包,并与称为签名的预先配置和预定的攻击模式进行比较。

(2)基于统计异常的检测:基于异常的IDS将监视网络流量并将其与已建立的基准进行比较。基线将确定该网络的正常状态——通常使用哪种带宽以及使用哪种协议。但是,如果未对基线进行智能配置,则可能会针对带宽的合理使用发出误报警报。

(3)状态协议分析检测:此方法通过将观察到的事件与公认的良性活动定义的预定配置文件进行比较,从而识别协议状态的偏差。

3. IPS性能扩展

IPS性能扩展的方式是采用融合“基于特征的检测机制”和“基于原理的检测机制”形成的“柔性检测”机制,它最大的特点就是基于原理的检测方法与基于特征的检测方法并存,组合了两种检测方法的优势。这种融合不仅是两种检测方法的大融合,而且细分到对攻击检测防御的每一个过程中,在抗躲避的处理、协议分析、攻击识别等过程中都包含了动态与静态检测的融合。

扩展功能和高性能也是入侵防御系统必须关注的内容,但也要符合产品的主线功能发展趋势。

性能表现是IPS的又一重要指标,但这里的性能应该是更广泛含义上的性能,包括最大的参数表现和异常状况下的稳定保障。也就是说,性能除了需要关注诸如“吞吐率多大”“转发时延多长”“一定背景流下检测率如何”等性能参数表现外，还需要关注“如果出现了意外情况，如何以最快速度能恢复网络的正常通信”，这个问题也是IPS出现之初被质疑的一个重点。

(五)入侵防御系统的现状及发展

IPS技术需要面对很多挑战，其中主要有三点：一是单点故障；二是性能瓶颈；三是误报和漏报。设计要求IPS必须以嵌入模式工作在网络中，而这就可能造成瓶颈问题或单点故障。如果IDS出现故障，最坏的情况也就是造成某些攻击无法被检测到，而嵌入式的IPS设备出现问题，就会严重影响网络的正常运转。如果IPS出现故障关闭，用户就会面对一个由IPS造成的拒绝服务问题，所有客户都将无法访问企业网络提供的应用。

即使IPS设备不出现故障，它仍然是一个潜在的网络瓶颈，不仅会增加滞后时间，而且会降低网络的效率，IPS必须与数千兆或者更大容量的网络流量保持同步，尤其是当加载了数量庞大的检测特征库时，设计不够完善的IPS嵌入设备无法支持这种响应速度。绝大多数高端IPS产品供应商都通过使用自定义硬件(如网络处理器和ASIC芯片)来提高IPS的运行效率。

误报率和漏报率也需要IPS认真面对。在繁忙的网络当中，如果以每秒需要处理十条警报信息来计算，IPS每小时至少需要处理36000条警报，一天就是864000条。一旦生成了警报，最基本的要求就是IPS能够对警报进行有效处理。如果入侵特征编写得不是十分完善，那么误报就有了可乘之机，导致合法流量也有可能被意外拦截。对于实时在线的IPS来说，一旦拦截了攻击性数据包，就会对来自可疑攻击者的所有数据流进行拦截。如果触发了误报警报的流量恰好是某个客户订单的一部分，其结果可想而知，这个客户整个会话就会被关闭，而且此后该客户所有重新连接到企业网络的合法访问都会被IPS拦截。

IPS厂商采用各种方式加以解决。一是综合采用多种检测技术；二是采用专用硬件加速系统来提高IPS的运行效率。尽管如此,为了避免IPS重蹈IDS覆辙,厂商对IPS的态度还是十分谨慎的。例如,NAI提供的基于网络的入侵防御设备提供多种接入模式,其中包括旁路接入方式,在这种模式下运行的IPS实际上就是一台纯粹的IDS设备,NAI希望提供可选择的接入方式来帮助用户实现从旁路监听向实时阻止攻击的自然过渡。①

IPS的不足并不会成为阻止人们使用IPS的理由,因为安全功能的融合是大势所趋,入侵防御顺应了这一潮流。对于用户而言,在厂商提供技术支持的条件下,有选择地采用IPS,仍不失为一种应对攻击的理想选择。

① 施智德.计算机网络安全防护技术和策略探究[J].信息记录材料,2023(10):48—50.

第五章　计算机网络安全的实践研究

第一节　计算机网络信息安全的维护思路

随着科学技术的快速发展，计算机网络的普及程度也在不断提高，在计算机网络的运行过程中，网络信息安全逐渐成为人们关注的重点问题。因此，为了保证计算机网络信息安全，必须做好安全维护工作，提高网络信息的安全性，保证计算机网络的安全运行。想要实现这一目标，需要明确影响网络信息安全的因素，采取针对性地安全维护措施。

一、概述

在计算机网络技术不断发展的过程中，网络信息安全问题受到了越来越多的关注。在计算机网络的应用过程中，一旦出现信息安全问题，就会造成用户的数据信息损坏或丢失，造成巨大的经济损失。为了妥善地解决这一问题，我们需要重视网络信息安全维护工作，对影响网络信息安全的因素采取针对性地维护措施，有效提高网络信息的安全性，保证计算机网络的正常运行，充分发挥计算机网络的作用，为用户提供优质的网络服务。[①]

二、影响计算机网络信息安全的因素

在计算机网络运行的过程中，影响网络信息安全的因素主要包括以下几个方面。

(一)网络病毒

在计算机网络运行的过程中，网络病毒是影响网络信息安全的重要因素。一旦计算机感染病毒，就会存在严重的安全隐患，对信息安全造成极大的威胁。

随着计算机技术水平的不断提高，网络病毒的技术含量也不断提高，并且发展出更多的种类，对网络病毒进行识别的难度也随之增加。大部分的网络病毒能够悄无声息地入侵计算机，用户在浏览网页、下载文件的过程中都有可能使计算机感染病毒。一些病毒具备自启动功能，能够潜伏在计算机的核心位置，造成计算机系统文件或关键程序损坏，导致其无法正常使用。此外，还有一些病毒能够利用计算机程序，获得计算机的控制权限，严重影响计算机的数据传输，增加了计算机网络信息安全管理的难度。

(二)计算机存在安全漏洞

在计算机网络运行的过程中，如果计算机存在安全漏洞，就会造成严重的安全隐患。因此，在网络信息安全管理工作中，不但要对黑客和病毒进行防备，还需要重视计算机系统的安全性，避免其存在安全漏洞。

计算机主要由硬件系统和软件系统两大部分构成，其中软件系统中经常会出现安全漏洞，这些漏洞可能会被不法分子利用。在计算机传输数据的过程中，如果没有考虑到传输信道的安全问题，就会造成网络协议中存在安全漏洞。与此同时，如果在 CPU 操作过程中出现问题，就会出

① 范孟琦.数据加密技术在计算机网络安全实践中的应用研究[J].石河子科技，2022(3):14—15.

现隐性通道，对网络信息安全管理造成不利影响。这些问题都会影响网络信息的安全性，容易造成重要信息的泄漏，并且增加网络故障的发生概率。

计算机网络用户存在网络信息安全意识不足的问题，这导致计算机网络信息的安全性受到极大的影响，用户的重要信息被窃取，严重时会带来一定的经济损失。用户网络信息安全意识不足主要体现在几个方面：第一，人们在使用计算机网络的过程中，没有按照规范进行相关操作，没有对网络安全系统进行检查，不及时更新安全软件，这些行为都会影响网络信息的安全性，导致重要信息泄露；第二，人们在使用计算机工作的过程中，经常会使用一些移动存储设备，用于数据的复制与传输，如果这些移动存储设备中带有病毒，就会导致计算机感染病毒，威胁网络信息的安全；第三，一些网络用户具有一定的信息安全意识，为计算机中的重要程序或文件设置了密码，但他们设置的密码相对简单，甚至所有密码都是一致的，很容易被黑客破解。

三、计算机网络信息安全的维护思路

(一)增强人们的网络信息安全意识

在我们使用计算机网络的过程中，应避免出现不规范的操作，要认真阅读计算机网络系统的使用要求，坚持规范的操作步骤。如果在使用网络的过程中遇到不确定的链接，不能随便点击进入，必须经确认后再进入。与此同时，我们在使用计算机网络系统的过程中，必须不断增强自身的安全防范意识，积极学习安全防范技术，提高自身对网络信息安全问题的防范能力。

(二)合理应用防火墙技术，提高网络系统的防御能力

应用防火墙技术能够对计算机进行全面的保护，避免其受到网络攻击。为了有效避免计算机在网络环境中受到黑客的攻击，需要加强安全防范技术的应用，合理地应用防火墙技术，对网络访问进行妥善的安全防护。这种防护措施可以有效避免不法分子通过技术手段入侵计算机，取

得计算机的控制权，窃取重要信息。与此同时，在计算机网络的运用过程中，当用户浏览一些不安全的网页时，防火墙会对此发出警报，对计算机内的重要信息进行妥善保护，提高计算机网络信息的安全性。此外，防火墙技术还能够对网络信息进行全面严格地检查，有效地防止网络中一些不正当的数据传输。

(三)科学地应用网络安全防护软件

在目前的计算机网络运行过程中，大多数网络系统会安装网络安全防护软件，这些软件能够保证计算机网络环境的安全性。在安装网络安全防护软件的过程中，工作人员需要为其配备合适的杀毒软件，对影响网络信息安全的因素进行全面检查。在使用网络安全防护软件的过程中，工作人员需要注意软件之间的冲突问题，每台计算机中最好只安装一种网络安全防护软件。与此同时，为了充分发挥网络安全防护软件的作用，工作人员需要对其进行及时地更新与升级，保证软件具有良好的安全防护性能，保证计算机网络信息的安全。此外，在应用计算机网络系统的过程中，工作人员需要规范自己的操作，并定期接受相应的培训，不断增强自身的网络信息安全防护意识。企业、单位应用计算机网络技术的过程中，需要根据实际情况应用数据认证技术，对网络信息的访问次数进行严格控制，进一步提高计算机网络数字认证技术水平，保证计算机网络系统的安全运行。

(四)加强计算机网络日常监测工作

为了有效地提高计算机网络运行的稳定性，需要加强计算机网络日常监测工作，同时，可以提高计算机网络信息安全维护的水平。在对计算机网络进行日常监测的过程中，需要合理地应用入侵监测技术，对计算机网络运行过程中可能出现的被入侵以及被滥用的风险进行有效的识别。在计算机网络日常监测工作中，应用的入侵监测技术主要包括统计分析法和签名分析法。统计分析法的原理是通过统计学知识对计算机网络在运行过程中的动作模式进行统计，以便掌握计算机网络中是否存在影响信息安全的不利因素；而签名分析法的原理则是根据以往计算机网络中曾经出现过的攻击行为以及网络系统存在的弱点进行全面的检测。这两种技术的应用可以有效地提高计算机网络运行过程的安全性。

总而言之，随着信息时代的到来，计算机网络技术水平不断提高，人类社会已经步入了大数据时代。在当前的社会发展阶段，计算机网络的应用与发展为人们的工作和生活提供了更加便利的条件。在这种形势下，为了充分发挥计算机网络技术的作用，促进社会的发展，我们需要重视计算机网络信息的安全维护工作，分析影响计算机网络信息安全的因素，增强计算机网络信息安全意识，坚持正确的网络信息安全维护思路，采取有针对性的网络信息安全维护措施，提高计算机网络信息的安全性，避免用户的重要信息被不法分子窃取。

第二节　计算机信息安全技术在校园网中的应用

随着信息技术的快速发展，校园网建设技术逐渐成熟，在教学、科研等活动中发挥着重要的作用。在校园网发展的同时，校园网安全问题也备受关注，它时刻影响着校园网的深入发展和运行，因此，需要借助计算机信息安全技术，确保校园网的安全、稳定运行。

在校园网运行和管理的过程中，通常会遇到文件丢失、数据信息被破坏、病毒传播、黑客攻击、信息被盗取、无法正常上网等问题，这些问题会影响师生正常教学活动的开展，甚至会造成学校信息资源的丢失等。因此，在校园网的安全建设和运行过程中，必须借助安全管理手段，做好安全防护，创建良好的网络环境。

一、校园网建设及运行标准分析

(一)真实性

校园网的运行主要采用实名制系统，即用户操作信息真实，用户在校园网操作后会在系统中留下痕迹。校园网的主要使用人群是教师、学生和其他工作者。

(二)可控制性

校园网具有可控制性,能对系统中的不良信息和恶意操作行为进行调节和控制,更好地抵制不良行为对网络系统的影响,其可控制性具体体现在对校园网的日常管理上,从而为师生创建良好的教育环境和网络资源环境,降低不良网络信息对学校建设发展的影响,确保整个校园网的安全、稳定运行。

(三)可靠性

在校园网系统运行中,需要借助一定的技术和手段确保整个系统的安全、可靠。在用户使用校园网的过程中,能及时向用户提供其所需要的信息资源,并满足用户多样化的需求,这是校园网运行的基本要素。

二、校园网建设中身份认证技术的应用探讨

要确保校园网的正常运行和发展,信息安全管理人员需要应用身份认证技术,确保用户能正常操作,从而创建相对安全的校园网络环境,减少校园网中数据被随意更改的可能性。身份认证技术是保障校园网络安全的重要屏障,在技术条件的支持下,对校园网的运行和访问进行有效控制。用户如果需要通过校园网获取信息,就需要在系统访问时输入自己的基础信息,经过系统的认证后才能进入校园网。很多校园网都采用身份认证技术,主要包括口令认证、生物特征认证等不同的认证方式,也有师生登录校园网时需要输入密码的方式。身份认证技术是计算机信息安全技术在校园网中最常见的应用方式。

第三节　电力系统中的计算机信息网络安全思路

随着我国社会总体建设水平的快速提升,电力行业蓬勃发展,与此同时,人们越来越注重电力系统中计算机信息网络的安全性。电力系统中的计算机信息网络技术涉及多个领域,如信息管理、数据库系统控制以及处理等。不过,由于网络技术全球化的发展,计算机极易感染病毒,威胁

电力系统中的信息网络安全，因此，对电力系统中的计算机信息网络安全进行探究十分有必要。

一、计算机信息网络安全给电力系统带来的影响

电力企业的计算机网络主要负责联系电力交易中心和用户，如果计算机网络感染病毒，不仅会影响电力企业内部安全，还会危害用户的利益。要想避免出现这种情况，必须对计算机信息网络进行安全保护。一些电力企业通过先进的科学防护功能保护计算机网络，虽然可以起到一定效果，但并不足以预防病毒侵害。技术高超的黑客完全可以借助数据传输的长度、速率以及流量阻碍计算机信息网络的运行，继而对计算机网络进行控制。

二、计算机信息网络安全问题形成的原因

计算机信息网络出现安全问题的主要原因有四点：第一，TCP/IP 协议簇构架之中存在安全问题，如用户口令以明文形式在网络中传输，TCP 协议无法保证其传输的安全性；第二，在企业开发程序的过程中，程序师普遍会留后门，不法分子一旦掌控这些后门，计算机信息网络安全将会受到极大的威胁，甚至导致用户系统毁灭；第三，用户没有正确使用产品，降低了产品的安全性，进而引发计算机信息网络安全问题。

三、计算机信息网络安全应对策略

(一)对防病毒系统进行合理化部署

电力企业的计算机信息网络系统已经网络化处理了电力系统的一切业务，通过计算机信息网络，用户可以获取所需的业务资料，而电力工作人员可以随时联系用户。基于此，电力系统的计算机信息网络的应用频率非常高，极易受到邮件中所携带的病毒的侵害，病毒一旦进入内部网络，便会大肆扩散，最终致使计算机系统全面瘫痪，不仅会给电力企业造成巨大损失，还会威胁到相关用户。因此，电力企业要针对计算机系统，

构建实时防护监控系统，如电力企业可以构建三级病毒防护系统，主要包括网关防毒、服务器防毒以及客户端防毒，对病毒非法入侵行为进行严格防范。①

（二）构建完善的安全管理制度

首先，针对电力企业内部的信息化工作，组织基层单位或相关职能部门，构建信息安全管理体系，如科技通信部、管理委员会等；其次，针对电力企业内部的人员管理、主机设备管理、网络设备管理，以及机房附属设施、防静电地板、电池、电源、空调等机房其他设备设施，制定相应的安全管理制度；最后，明确电力企业的管理人员、信息维护人员，以及外来人员的操作范围、职责分工，制定外来人员视频录像监控以及登记制度，并对计算机系统维护人员进行操作技能培训，与终端用户签订保密协议，等等。

（三）提高运行维护管理水平

电力企业需要设立一个独立的运行维护部门，主要负责计算机系统的运行维护工作，如信息通信部门等，并明确划分各个基层单位、运行维护部门的维护职责，设立相应的运行维护安全管理条例以及措施，安全管理计算机的桌面终端设备以及网络设备，并对运行维护流程进行全面记录。

（四）强化安全管理技术措施

定期评估全局网络设备的安全情况，并对网络设备的拓扑结构进行路由安全检测、端口安全检测、数据配置安全检测、设备安全检测以及漏洞检测；严格绑定终端设备、主机设备以及网络设备的 MAC 与 IP 地址，避免出现地址欺骗、地址乱用情况；对网络安全管理系统、审计系统以及网管系统进行全面利用，实时、有效地监管信息设备；等等。

---

① 罗晶．大数据环境下计算机网络安全技术的优化实践研究[J]．软件，2022(8)：179—182.

(五)构建生产安全体系

设立信息安全管理制度以及信息安全年度指标，促使各个基层单位重视信息安全检查工作，并及时、有效地整改信息安全问题；对计算机网络使用人员以及运行维护人员进行信息安全培训；明确计算机信息网络安全界限，严格考核相关人员的操作行为，主要内容涵盖桌面终端注册率、保密协议签订、防病毒软件安装、定期进行补丁升级等，并严格处罚违规行为。

电力系统信息网络化建设要求电力人员必须定期评估网络安全情况，不断总结实践经验，对安全方案进行全面改进。只有这样，才能保证信息网络管理的科学性和计算机系统的安全性，促使电力系统健康发展。

第四节　计算机网络服务器日常安全和维护

随着信息技术的发展，计算机网络的应用范围不断拓展，在给人们的生产生活带来诸多便利的同时，也存在一些安全隐患。服务器作为计算机网络的核心，对数据的共享速度以及信息安全的保障起着重要的作用。为了更好地发挥服务器的作用，需要对服务器进行定期的检查和维护，以确保网络系统的整体安全。

一、计算机网络服务器的分类及其工作环境

服务器是互联网的核心组成部分，对计算机网络系统的整体运行速度有着非常重要的影响，其主要任务是响应和处理客户端的服务请求。不同的计算机网络环境，对服务器的需求也有所不同。根据不同的计算机体系架构，服务器有X86与非X86两种，前者价格相对便宜，兼容性相对较好，但稳定性相对较差，无法全面保护网络的安全；后者稳定性较好，服务器自身的性能也比较好，但价格相对较高，增加了网络建设的成本，此外，其网络体系较为封闭，不利于在大型网络系统中应用。服务器按照不同层级，可以分为入门级、工作级、部门级以及企业级服务器等。从服

务器的稳定性以及可扩展性来讲，入门级的最低，随着等级的提升，服务器的综合性能越来越强，硬件的配置也相对较高，能够较好地满足专业化网络建设的要求，有效地提高网络运行的速度，保证数据处理的高效性，更好地满足人们的生产和生活需求。

计算机网络服务器在运行的过程中，对周围的环境等也有一定的要求，这对于其性能的实现以及运行质量等都有重要的影响。服务器要求适宜的温度，以保证其内部相关元器件以及逻辑电路等的稳定运行。在安装服务器时，要选择通风良好的环境，并且加强对温度的控制。此外，服务器运行时要控制环境湿度。湿度过高时，服务器可能产生一些锈蚀现象；而湿度过低则可能产生静电等，这些对服务器的运行都会造成一些不利影响。电源的稳定性也是服务器安全运行的必然要求之一，这对于其工作的持续性及稳定性等都有重要的意义。在服务器运行的过程中，还要注意防静电措施的应用，以减少静电对服务器主板等的损害，保证电子元器件的安全运行。为了更好地保证服务器运行的整体安全，在其安装和应用的过程中，要做好除尘、防雷电等工作，以减少外部环境对服务器运行的不良影响。

二、当前网络服务器存在的安全问题

互联网具有一定的开放性，开放的网络环境下 IP/TCP 协议是通用的，作为底层的网络协议，其本身容易受到攻击，并且由于互联网在设计和运行中存在的一些缺陷，使得其脆弱性体现在互联网的不同环节。若在设计互联网时，未能充分地考虑用户和环境等因素的影响，也未能全面考虑安全威胁，就会给互联网及其所连接的计算机服务器和整个系统埋下诸多安全隐患。

此外，进行网络攻击的难度相对较低，服务器遭受外部攻击的可能性以及被攻击的频率也就相对增加了，这极大地威胁了计算机网络服务器整体的安全。计算机网络信息保护条款设计上存在的漏洞，使得网络保密相关的制度和规范未能得到有效执行。在计算机网络服务器运行的过程中，管理人员的缺失以及日常维护管理的不足，都对服务器的正常运行安全造成了不利影响。[①]

服务器的安全包括多个方面。在计算机网络系统被攻击时，服务器作为计算机网络的核心部件，常处于首先被攻击的地位。在实践中，较为常见的问题主要是对服务器的恶意攻击，这主要来自外部网络病毒的入侵。此外，不法分子在对服务器进行恶意入侵的过程中还会窃取敏感信息，这些对服务器的安全运行以及网络整体的安全都造成了极大威胁。

三、计算机网络服务器的日常安全维护

在信息技术高速发展的背景下，计算机网络的应用范围不断扩大，对于网络安全维护以及服务器日常安全维护的重视成为一种必然的要求。在实践中，可以采取以下措施来加强对服务器的管理和维护，保证其日常安全如下：

第一，做好基本的安全防范措施，保证网络服务器的日常安全。在服务器日常维护中，要将基础工作做好，对服务器核心区域的文件格式进行必要的设置和调整，提升安全等级。在服务器上和计算机上安装正版杀毒软件，定期做病毒排查和修复、病毒软件的更新等工作，从而保证服务器整体运行的安全。对于服务器的管理权限等进行必要的设置，由专人负责日常的管理和维护工作，避免服务器密码泄露等安全问题。

第二，注重防火墙的建设和应用。在对计算机网络服务器进行日常安全管理和维护的过程中，防火墙的建设对于计算机的安全运行有着重要的影响。为了更好地保证网络运行和计算机的安全，要定期对防火墙进行检查，做好 IP 地址的保密工作，减少非必要 IP 地址的公开。此外，对于电子邮件服务器以及 DNS 注册的 IP 地址等进行防火墙技术的处理，减少 IP 地址被攻击时可能产生的服务器及网络整体安全的问题。此外，为了更好地保证服务器的安全，还要关闭一些不常用的通信端口，更

---

① 解海燕，马禄，张馨予. 研究计算机网络安全数据加密技术的实践应用[J]. 通讯世界，2016(7)：5-5.

好地进行隔离和防护,保证系统的安全运行。

第三,做好相关的备份工作。在计算机网络服务器运行的过程中,要做好服务器故障的应对工作,对一些重要的信息应及时予以备份,以保证信息的安全以及网络运行的有效性。在病毒恶意入侵或服务器运行出现故障时,可能会造成数据的丢失等,从而造成相应的经济损失。为了减少该现象的发生,应定期进行数据备份,对已经修改的数据及时地予以备份;将一些重要的系统文件存储在不同的服务器上,减少因发生故障而造成损失,保证网络系统整体运行的安全。在计算机网络系统日常安全维护中,要针对本网络内部的情况,考虑服务器的运行状态等,对备份的周期进行必要的调整,保证备份的及时性和有效性,从而更好地保证服务器运行的安全。

第四,注重对脚本的安全维护。在计算机网络服务器日常安全维护中,脚本对于服务器的运行也有着重要的作用。在服务器运行的过程中,由于服务器脚本不良遭受外部攻击而产生系统崩溃等现象,对于服务器和网络的正常运行产生不利影响。在服务器的日常维护中,为了保证网络连接的有效性,实现相关参数的传递,要在加强防火墙等技术防护的基础上,完善脚本维护技术,以实现防火墙内部相关参数和信息的有效传递。在对服务器进行日常安全维护的过程中,要注重脚本格式以及脚本错误的常见形式,进行修订,使其能够正常运行,保证网络系统整体的运行安全。

第五,对文件格式予以规范。在实践中,为了更好地构建网络服务器日常安全维护框架,应对其文件传输的格式等予以调整和统一。结合计算机网络运行的实际情况,选择适宜的系统文件格式,选择系统支持、能够在网络内部有效传输的文件格式,并且注重文件的加密,增强系统运行和数据传输的安全性,更好地保证服务器的安全。通过文件格式的选择应用,做到分盘存储,设置文件传输权限,加强对敏感信息的识别和保护力度,更好地保证服务器运行的安全。

在信息技术发展的过程中,计算机网络得到了广泛地应用,网络运行的安全问题也因此成为人们关注的重点。服务器作为信息网络的重要组成部分,面临各种外部攻击及恶意入侵等问题,给网络的安全造成了极大的威胁。为了更好地将计算机网络服务器的日常安全和维护框架贯彻落实,要不断加强基础安全维护工作,通过对系统内部结构等的调整来加强服务器的安全防护能力。此外,还要加强对防火墙技术的应用,要更好地发挥其防护作用,通过对文件传输格式以及脚本技术的完善,提高服务器整体的运行质量。

参考文献

[1]陈晓桦，武传坤. 网络安全技术：网络空间健康发展的保障[M]. 北京：人民邮电出版社，2017.

[2]陈盈. 计算机网络实验[M]. 北京：电子工业出版社，2019.

[3]邓礼全. 计算机网络及项目实践[M]. 成都：西南财经大学出版社，2020.

[4]郭达伟，张胜兵，张隽. 计算机网络[M]. 西安：西北大学出版社，2019.

[5]胡伟强. 计算机网络安全理论与实践[M]. 北京：团结出版社，2017.

[6]梁松柏. 计算机技术与网络教育[M]. 南昌：江西科学技术出版社，2018.

[7]卢晓丽，于洋. 计算机网络基础与实践[M]. 北京：北京理工大学出版社，2020.

[8]罗刘敏. 计算机网络基础[M]. 北京：北京理工大学出版社，2018.

[9]梅创社. 计算机网络技术[M]. 北京：北京理工大学出版社，2019.

[10]穆德恒. 网络安全运行与维护[M]. 北京：北京理工大学出版社，2021.

[11]王爱平. 大学计算机应用基础[M]. 成都：电子科技大学出版社，2017.

[12]王春晖. 维护网络空间安全：中国网络安全法解读[M]. 北京：电子工业出版社，2018.

[13]王杰，孔凡玉. 计算机网络安全的理论与实践(第3版)[M]. 北京：高等教育出版社，2017.

[14]王强. 计算机网络安全理论与实践[M]. 北京：光明日报出版社，2016.

[15]王永全,唐玲,刘三满.信息犯罪与计算机取证[M].北京:人民邮电出版社,2018.
[16]邬江兴,王清贤,邹宏.网络空间安全学科发展[M].北京:电子工业出版社,2018.
[17]吴阳波,廖发孝.计算机网络原理与应用[M].北京:北京理工大学出版社,2017.
[18]姚烨,朱怡安.计算机网络原理实验分析与实践[M].北京:电子工业出版社,2020.
[19]叶伟明.计算机应用基础与案例实训[M].成都:电子科学技术大学出版社,2020.
[20]袁康.网络安全的法律治理[M].武汉:武汉大学出版社,2020.
[21]袁兴明,王超,王贵珍.计算机应用基础[M].成都:电子科技大学出版社,2019.
[22]张国防.计算机网络安全理论与实践研究[M].长春:吉林科学技术出版社,2020.
[23]张敬,李江涛,张振峰,等.企业网络安全建设最佳实践[M].北京:电子工业出版社,2021.
[24]张靖.网络信息安全技术[M].北京:北京理工大学出版社,2020.
[25]张乃平.计算机网络技术[M].广州:华南理工大学出版社,2015.
[26]张文静,蒋岚,周巧雨,等.信息安全与网络对抗技术实践[M].成都:西南交通大学出版社,2019.
[27]郑东营.计算机网络技术及应用研究[M].天津:天津科学技术出版社,2019.
[28]周宏博.计算机网络[M].北京:北京理工大学出版社,2020.